Jörg Eickenbusch
Wolfgang Libera

Abi-Countdown
Biologie Leistungskurs

MANZ VERLAG

5. Auflage 2007
Manz Verlag

Lektorat: Konrad Böheim, Ergolding
Umschlaggestaltung: Werkstatt München: Weiss/Zembsch, München
Titelbild: Bullfrog emerging from pond water © gettyone Stone, München
Illustration: Hans Limo Lechner, Pastetten
Druck: Mediengruppe UNIVERSAL
Grafische Betriebe Manz und Mühltaler GmbH, München
Printed in Germany

ISBN 978-3-7863-5001-9

www.manz-verlag.de

Inhaltsverzeichnis

Vorwort

Dieses Buch enthält eine Auswahl von Prüfungsaufgaben für den Leistungskurs Biologie, die in den letzten Jahren in verschiedenen Bundesländern gestellt wurden. Die Auswahl der Aufgaben erfolgte unter dem Gesichtspunkt, dass alle wesentlichen Themenbereiche der Biologie in der Sek. II mit den typischen Fragestellungen vorgestellt sind. Es ist zudem die Abdeckung aller wichtigen Lehrplaninhalte gewährleistet, da auch die einheitlichen Prüfungsanforderungen in der Abiturprüfung Biologie gemäß Beschluss der Kultusministerkonferenz von 1989 berücksichtigt sind.

„Abi-Countdown Biologie Leistungskurs" bereitet in bewährter Weise auf die Abiturprüfung vor. Die Antworten aller Aufgaben sind in jedem Fall möglichst vollständig und ausführlich ausgearbeitet. Damit der Zusammenhang mit anderen Fragen besser hergestellt und ein umfassenderes Stoffverständnis erreicht werden kann, gehen die Antworten häufig über den Erwartungshorizont von Prüfungen hinaus. Außerdem haben wir versucht, mit „Ergänzungen", „Tipps" und „Hinweisen" Hilfestellungen zum Lernen und zum leichteren Bearbeiten der Aufgaben zu geben. Allerdings sollte die Gliederung des Buches nicht dazu führen, die einzelnen Kapitel wie ein Lehrbuch nacheinander zu lesen. Wir empfehlen Ihnen zur Vorbereitung auf eine Prüfung oder eine Klausur folgendes Vorgehen:

Lesen Sie zunächst den Text der Aufgabe und schreiben Sie dann – ohne Blick auf die nachfolgende Antwort – mit einigen Stichpunkten Ihre Überlegungen zu dieser Aufgabe nieder. Dann lesen Sie die Antwort durch und vergleichen diese mit Ihren Aufzeichnungen. Ziehen Sie noch Ihr Lehrbuch und Ihre Unterrichtsnotizen heran, damit Sie das betreffende Thema von möglichst vielen Seiten betrachten können.

Wir wünschen Ihnen viel Erfolg bei Ihren Prüfungen!

Wir danken Herrn Ritzer für überlassene Prüfungsunterlagen von Aufgaben und Lösungen. In dieses Buch gingen auch die Erfahrungen mit dem Titel Ritzer/Eickenbusch, „Vorbereitung zum Abitur, Grundkurs – Leistungskurs, Aufgaben und Lösungen" ein.

Verbesserungsvorschläge und Hinweise nehmen wir dankbar entgegen.

J. Eickenbusch
W. Libera

Klassische Genetik

Aufgabe 1

Stellen Sie die Gemeinsamkeiten und Unterschiede im Ablauf der Vorgänge heraus, die zur Bildung reifer Eizellen und befruchtungsfähiger Spermien aus Urgeschlechtszellen führen!

Die Keimzellen oder Gameten werden in den Keimdrüsen, den Gonaden, gebildet. Die Spermatogonien in den Hoden und die Oogonien in den Eierstöcken enthalten in ihren Kernen den doppelten (diploiden) Chromosomensatz. Er wird im Verlauf der Reifeteilungen auf den einfachen (haploiden) Satz reduziert. Dies ist erforderlich, da neue Individuen aus der Verschmelzung zweier Chromosomensätze hervorgehen. Ohne vorherige Reduktion auf den haploiden Zustand würde sich das Chromosomenmaterial im Lauf der Evolution ins Gigantische vermehrt haben.
Die **Keimzellenbildung** verläuft in beiden Geschlechtern verschieden. In den **Hoden** entstehen durch mitotische Teilungen der Urkeimzellen zunächst zahlreiche Spermatogonien. Diese reifen bis zur **Pubertät** heran. Aus jeder **diploiden Spermatogonie** entstehen mitotisch zwei diploide Zellen: eine Spermatogonie und eine **Spermatocyte**. In der Spermatocyte setzt nun die **Meiose** mit der 1. Reifeteilung ein. Sie liefert zwei haploide Zellen, die sofort die zweite Reifeteilung durchführen. Es entstehen **vier haploide Spermatiden**. Diese differenzieren sich in der Folgezeit aus und nehmen die typische Spermienform an (s. Abb. 1). Der Spermienkopf trägt das Erbmaterial in wenig Plasma; Mittelstück und Schwanz sind als Bewegungsorganellen zu sehen. Bei jeder mitotischen Teilung einer Spermatogonie tritt nur eine der entstehenden Tochterzellen in die Meiose ein, die andere bleibt Spermatogonie und kann sich erneut mitotisch wie die Mutterzelle teilen. Beim Menschen können daher kontinuierlich bis ins hohe Alter hinein Spermien gebildet werden, pro Tag einige hundert Millionen. Bei Tieren ist die Spermienproduktion meist an bestimmte Fortpflanzungsperioden gebunden.
In den **Eierstöcken** entstehen beim Menschen noch vor der Geburt aus den Urkeimzellen zahlreiche **Oogonien**, und aus diesen wiederum Oocyten (zunächst einige Millionen, die sich dann bis zur Pubertät auf etwa 400 000 verringern). Diese Oocyten beginnen ab dem 6. Fetalmonat mit der Meiose, bleiben aber in der **Prophase** bei der Paarung der homologen

Chromosomen stehen. Erst ab der Pubertät hat etwa jede tausendste Oocyte dann die Chance, die Meiose fortzusetzen und sich zu einem Ei zu entwickeln. Die **2. Reifeteilung** wird erst ausgelöst, wenn ein Spermium in das Ei eindringt. Als Ergebnis der Meiose entstehen ein funktionsfähiges Ei und drei Abortiveier (auch Pol- oder Richtungskörper genannt), die zugrunde gehen (s. Abb. 1). Das Ei differenziert sich wie die Spermatiden aus, indem es von Hilfszellen umgeben und mit Nährstoffen gefüllt wird.

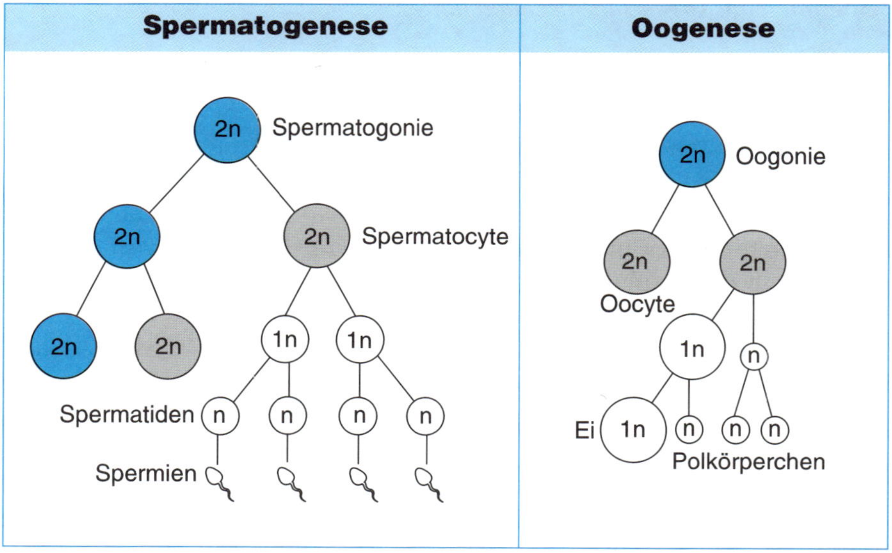

Abb. 1

Die **Unterschiede zwischen Spermien und Eizellen** liegen in Folgendem begründet: Die Spermien müssen aktiv schwimmen und zur Erhöhung der Befruchtungswahrscheinlichkeit in großer Zahl vorhanden sein. Sie brauchen zur Entwicklung des neuen Lebens nur das Erbmaterial beizusteuern. Die Eizellen dagegen werden passiv bewegt und bringen neben den Erbanlagen auch das gesamte Nährmaterial für den zu entwickelnden Keim mit.

Aufgabe 2

Während man die Mitose als erbgleiche Teilung bezeichnet, spricht man von der Meiose als einer erbungleichen Zellteilung.

1. *Erläutern Sie diese Aussage über die Meiose in Hinblick auf den gesamten Chromosomenbestand und in Hinblick auf ein Homologenpaar!*

2. *Zeichnen Sie zur Erläuterung Ihrer obigen Aussage für eine Zelle (2n = 4) jeweils die Metaphase der*
   a) ersten und
   b) zweiten Reifeteilung
   der Meiose!
   Beschriften Sie Ihre Zeichnungen!

3. *Vergleichen Sie anhand einer Tabelle Mitose und Meiose hinsichtlich der Vorgänge und Aufgaben im Organismus!*

Zu 1.

Geht man von einer diploiden Zelle aus, so entstehen daraus durch Mitose wieder **zwei Zellen mit der genau gleichen genetischen Ausstattung**. Bei der Anaphase werden die Zweichromatid-Chromosomen geteilt und auf die beiden Pole verteilt. Beide entstehenden Tochterzellen haben nun jedes Chromosom als Einchromatid-Chromosom, das sich dann in der Synthese-Phase der nächsten Interphase wieder zu einem Zweichromatid-Chromosom verdoppelt.
Bei der **Meiose** dagegen werden in der Prophase der 1. Reifeteilung die homologen Chromosomen gepaart und in der Anaphase wieder getrennt und zufällig auf beide Pole verteilt. Die entstehenden **haploiden Tochterzellen** haben nun völlig verschiedenes Erbgut. Die Möglichkeiten zur Neukombination des Erbguts werden noch durch Crossing-over während der Prophase wesentlich erhöht (vgl. Aufgabe 5). Dabei werden Stücke zwischen den homologen Chromosomen ausgetauscht. (In der zweiten Reifeteilung erfolgt nur die Aufteilung von Zweichromatid-Chromosomen in Einchromatid-Chromosomen.) (s. Abb. 2, S. 8)

Zu 2.

Metaphase der Meiose

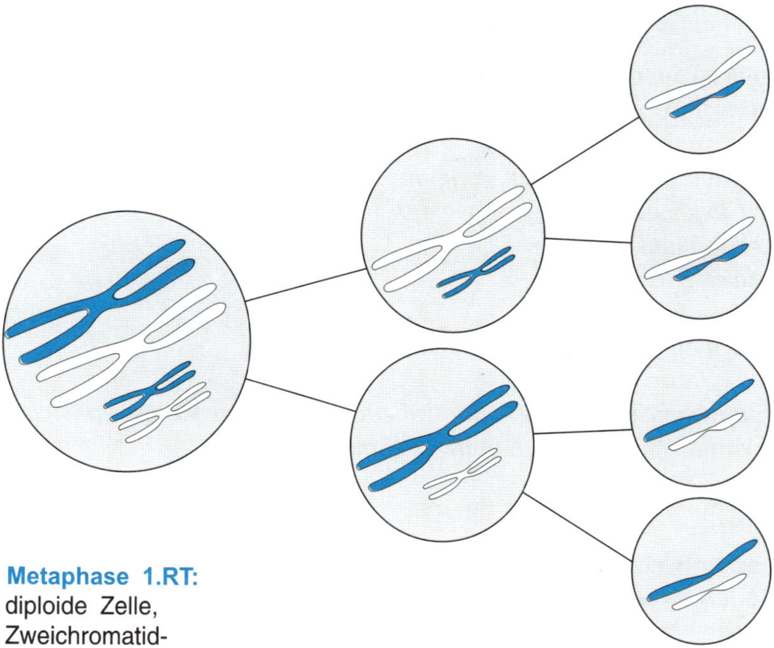

Metaphase 1.RT:
diploide Zelle,
Zweichromatid-Chromosomen,
väterliche und mütterliche Chromosomen gepaart

Metaphase 2.RT:
2 haploide Zellen,
Zweichromatid-Chromosomen

Ergebnis der 2.RT:
4 haploide Zellen,
Einchromatid-Chromosomen

Abb. 2

Zu 3.

Mitose	**Meiose**
Bildung von diploiden Zellen mit identischem Erbgut Zellvermehrung Eine Teilung von Zweichromatid- zu Einchromatid-Chromosomen	Bildung von haploiden Keimzellen mit vielfältig neukombiniertem Erbgut Zwei Teilungen: 1. RT: Reduktion des diploiden Chromosomensatzes zum haploiden durch Trennung der homologen Chromosomen 2. RT: Trennung der Chromatiden

Aufgabe 3

Die Farbe der Blütenblätter des Leinkrautes ist abhängig vom Zusammenwirken des Blütenfarbstoffs mit dem sauren oder alkalischen Zellsaft. Beim rotblühenden Leinkraut fand man sauren, beim blaublühenden alkalischen Zellsaft. Weißblühendes Leinkraut hat keinen Farbstoff in den Blütenblättern, es kann entweder sauren oder alkalischen Zellsaft enthalten. Bei der Kreuzung eines reinerbigen, rotblühenden Leinkrauts mit einem reinerbigen weißblühenden Leinkraut erhielt man in der ersten Tochtergeneration nur blaublühende Formen.

1. *Stellen Sie die Genotypen für die Eltern- und die erste Tochtergeneration auf!*

2. *Zwei Pflanzen der ersten Tochtergeneration werden miteinander gekreuzt.*
   Entwickeln Sie die Genotypen der zweiten Tochtergeneration mit Hilfe eines Kombinationsquadrats unter der Voraussetzung, dass die Erbanlagen für die Festlegung der Blütenfarbe frei kombinierbar sind!

3. *In welchen Zahlenverhältnis treten bezüglich der Blütenfarbe die Phänotypen der zweiten Tochtergeneration auf?*

4. *Führen Sie anhand der angegebenen Beispiele aus, welche Erbregeln den jeweiligen Kreuzungsergebnissen zugrunde liegen!*

Zu 1.

Es handelt sich hier um einen **dihybriden, dominant-rezessiven Erbgang**. Die Zuordnung der Phänotypen zu einzelnen Allelen erscheint vielleicht etwas schwierig, ist es aber nach genauem Durchlesen der Vorgaben nicht.
Beschrieben werden drei Phänotypen, die in den Blütenblättern entweder Farbstoff oder keinen Farbstoff enthalten und deren Zellsaft entweder sauer oder alkalisch ist. Damit sind die beiden Gene mit jeweils zwei Allelen festgelegt. Der Phänotyp der F_1-Generation zeigt, welche Allele jeweils dominant sind, nämlich das Allel für Farbstoff und das für basischen Zellsaft.

Die beiden Gene mit ihren Allelen könnte man wie folgt bezeichnen:
A = Allel für Farbstoff (rot oder blau, je nach pH des Zellsaftes)
a = rezessives Allel, kein Farbstoff, weiße Blüten
B = alkalischer Zellsaft
b = saurer Zellsaft

Kreuzungsschema:

Elterngeneration:	Genotyp	**AAbb**	×	**aaBB**
	Phänotyp	rotblühend		weißblühend
Gameten:		**A b**		**a B**
F_1-Generation:	Genotyp		**AaBb**	
	Phänotyp		blaublühend	

Zu 2.

Mögliche Gameten der F_1-Generation: **A B**, **A b**, **a B**, **a b** (s. Abb 3):

Kombinationsquadrat				
	AB	**Ab**	**aB**	**ab**
AB	**AABB** blau	**AABb** blau	**AaBB** blau	**AaBb** blau
Ab	**AABb** blau	**AAbb** rot	**AaBb** blau	**Aabb** rot
aB	**AaBB** blau	**AaBb** blau	**aaBB** weiß	**aaBb** weiß
ab	**AaBb** blau	**Aabb** rot	**aaBb** weiß	**aabb** weiß

Abb. 3

Zu 3.

Alle Pflanzen, die homozygot **aa** sind, blühen weiß. Alle anderen sind farbig, und zwar rotblühend, wenn **bb** homozygot vorliegt, sonst blaublühend.

Das Zahlenverhältnis für den Phänotyp ist blau : rot : weiß = 9 : 3 : 4. (Hinter diesen Zahlen versteckt sich natürlich das bekannte 9 : 3 : 3 : 1-Verhältnis. In unserem Fall ergeben sich bei den Pflanzen ohne Blütenfarbstoff 3 Kombinationstypen mit alkalischem und 1 mit saurem Zellsaft; alle 4 sind jedoch phänotypisch weiß.)

Zu 4.

In der F_1-Generation kann man die **Uniformitätsregel (1. Mendelsche Regel)** erkennen: Kreuzt man zwei Individuen einer Art, die sich in einem Allelenpaar reinerbig unterscheiden, so sind die Nachkommen in der F_1 untereinander gleich (uniform). Die Kreuzung der F_1-Individuen mit jeweils einem Allelenpaar (Farbstoff, Zellsaft-pH) folgt der **Spaltungsregel (2. Mendelsche Regel)**: Kreuzt man die F_1-Individuen untereinander, so spalten die phänotypischen Merkmale in der F_2 im Verhältnis 3 : 1 auf (bei dominant-rezessivem Erbgang). Das Kombinationsquadrat zeigt die Regel von der **Neukombination der Allele (3. Mendelsche Regel)**: Kreuzt man Individuen einer Art, die sich in mehr als einem Allelenpaar reinerbig unterscheiden, so spalten die einzelnen Allelenpaare unabhängig voneinander auf. In der F_2 können dabei neue Merkmalskombinationen auftreten.

Aufgabe 4

Die Blüten von Löwenmäulchen variieren in Form und Farbe. Die Merkmale werden jeweils durch zwei Allele bedingt. Die folgenden zwei reinerbigen Löwenmäulchenrassen werden miteinander gekreuzt:
Rasse I: zweiseitig-symmetrische, rote Blüten;
Rasse II: strahlenförmige, elfenbeinfarbene Blüten.
Die F_1-Individuen besitzen ausschließlich zweiseitig-symmetrische, hellrote Blüten.

1. *Charakterisieren Sie den vorliegenden Erbgang genau und bestätigen Sie das Kreuzungsergebnis, indem Sie die Bildung der F_1-Generation in geeigneter Weise darstellen und den Genotypen die entsprechenden Phänotypen zuordnen! Bezeichnen Sie dabei die Allele mit den Anfangsbuchstaben des Alphabets!*

2. *Erstellen Sie mit Hilfe eines Kombinationsquadrats das Erbschema für die Bildung der F_2-Generation, ermitteln Sie das Zahlenverhältnis der Phänotypen in der F_2-Generation und geben Sie die prozentuale Verteilung der Einzelmerkmale an!*

Zu 1.

Bei diesem dihybriden Erbgang wird ein Merkmal (Blütenform) dominant-rezessiv, das andere (Blütenfarbe) **intermediär** vererbt. Kenntlich wird dies daran, dass in der F_1-Generation nur zweiseitig-symmetrische Blüten (zweiseitig-symmetrisch ist dominant über strahlenförmig) auftreten, deren Blütenfarbe hellrot ist (intermediäre Genwirkung aus rot und elfenbeinfarben).

Die verschiedenen Gene mit ihren Allelen lassen sich wie folgt zuordnen:
A = Allel für zweiseitig-symmetrische Blüten
a = Allel für strahlenförmige Blüten
B = Allel für rote Blüten
C = Allel für elfenbeinfarbene Blüten

TIPP Verwenden Sie für die Kennzeichnung der Allele des intermediären Erbganges die im Unterricht verwendeten Symbole!

Kreuzungsschema:

Elterngeneration:	Genotyp	**AABB**	×	**aaCC**
	Phänotyp	zweiseitig-symmetrisch, rotblühend		strahlenförmig, elfenbeinfarbene Blüten
Gameten:		**AB**		**aC**
	Genotyp		**AaBC**	
	Phänotyp		zweiseitig-symmetrisch, hellrotblühend	

Zu 2.

Die Pflanzen der F_1-Generation werden untereinander gekreuzt. Mögliche Gameten der F_2-Generation: **AB, AC, aB, aC** (s. Abb. 4).

Zahlenverhältnis der Phänotypen:
3 : 6 : 3 : 1 : 2 : 1
3 zweiseitig-symmetrisch, rotblühend
6 zweiseitig-symmetrisch, hellrotblühend
3 zweiseitig-symmetrisch, elfenbeinfarbene Blüten
1 strahlenförmig, rotblühend
2 strahlenförmig, hellrotblühend
1 strahlenförmig, elfenbeinfarbene Blüten

Kombinationsquadrat				
	AB	AC	aB	aC
AB	AABB	AABC	AaBB	AaBC
AC	AABC	AACC	AaBC	AaCC
aB	AaBB	AaBC	aaBB	aaBC
aC	AaBC	AaCC	aaBC	aaCC

Abb. 4

Bei diesem dihybriden Erbgang treten sechs verschiedene Phänotypen auf, die bezüglich der Blütenfarbe zu 25 % rot, zu 25 % elfenbeinfarben und zu 50 % hellrot blühen. Die Blütenform ist zu 75 % zweiseitig-symmetrisch und zu 25 % strahlenförmig.

Aufgabe 5

Ein Tomatenzüchter kultiviert auf einem Versuchsbeet neben reinerbigen Tomatenpflanzen, die sich durch behaarte Blätter und eine dunkelgrüne Blattfärbung auszeichnen, auch reinerbige Pflanzen, deren Blätter haarlos sind und stets eine gelbgrüne Färbung aufweisen. Er kreuzt die Pflanzen beider Sorten miteinander.

Die erhaltenen Samen sät er im Frühjahr des nächsten Jahres aus. Daraus entwickeln sich Pflanzen mit dunkelgrünen, behaarten Blättern, die er, sobald die Blüten entwickelt sind, wahllos untereinander bestäubt.

Einen Teil der nun erhaltenen Samen sät er im dritten Jahr aus und bekommt 125 gelbgrüne, haarlose und 363 dunkelgrüne, behaarte Pflanzen.

1. *Leiten Sie aus den obigen Angaben die Art des Erbganges ab! Stellen Sie den vollständigen Erbgang von der Parental- bis zur F_2-Generation in schematischer Form mit Angabe der Geno- und Phänotypen dar! Verwenden Sie zur Kennzeichnung der Allele die Anfangsbuchstaben des Alphabets!*

2. *In einem weiteren Versuch kreuzt der Pflanzenzüchter Individuen der dunkgelgrünen, behaarten F_1-Generation mit haarlosen, gelbgrünen Individuen. Dabei erzielt er folgendes Ergebnis:*
Von den aus den Samen hervorgegangenen 200 Tomatenpflanzen waren 86 haarlos und gelbgrün, 88 behaart und dunkelgrün, 13 haarlos und dunkelgrün sowie 13 behaart und gelbgrün.
Erklären Sie das Versuchsergebnis unter besonderer Berücksichtigung des Zustandekommens der haarlos-dunkelgrünen sowie der behaart-gelbgrünen Pflanzen!
Belegen Sie Ihre Ausführungen mit einem entsprechenden Erbschema!

Zu 1.

Auch bei dieser Aufgabe handelt es sich um einem **dihybriden** Erbgang, da zwei unterschiedliche Merkmale beschrieben werden. Bei einem dihybriden, dominant-rezessiven Erbgang würde man entsprechend der 3. Mendelschen Regel in der F_2-Generation eine Aufspaltung in vier Phänotypen erwarten. Da aber nur wieder die beiden Phänotypen der Parentalgeneration erscheinen, müssen die beiden Gene **gekoppelt** sein, d. h. auf einem Chromosom liegen (s. Abb. 5 und 6).
In der F_1-Generation besitzen alle Pflanzen dunkelgrüne, behaarte Blätter. Also sind diese beiden Allele jeweils dominant. Die beiden Gene mit ihren Allelen könnte man daher folgendermaßen bezeichnen:

A = Allel für dunkelgrüne Farbe	**a** = Allel für gelbgrüne Farbe
B = Allel für behaarte Blätter	**b** = Allel für unbehaarte Blätter

Genotypen der F_2-Generation:	**AABB**		**AaBb**		**aabb**
Verhältnis:	1	:	2	:	1

Phänotypen der F_2-Generation:	dunkelgrün behaart		gelbgrün unbehaart
Verhältnis:	3	:	1

Das Ergebnis von 363 : 125 (= 2,9 : 1) stimmt recht gut mit dem statistischen Wert von 3 : 1 überein.

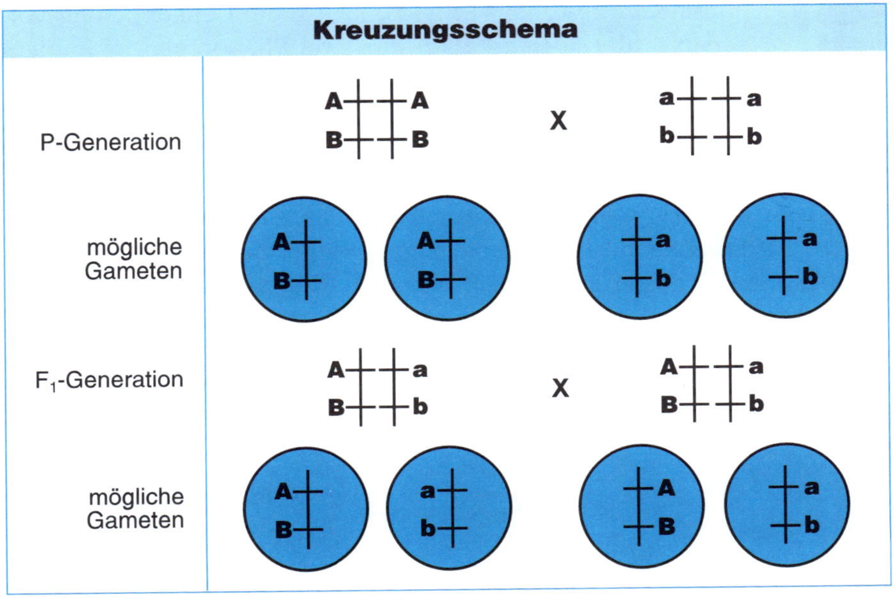
Kreuzungsschema
P-Generation
mögliche Gameten
F1-Generation
mögliche Gameten

Abb. 5

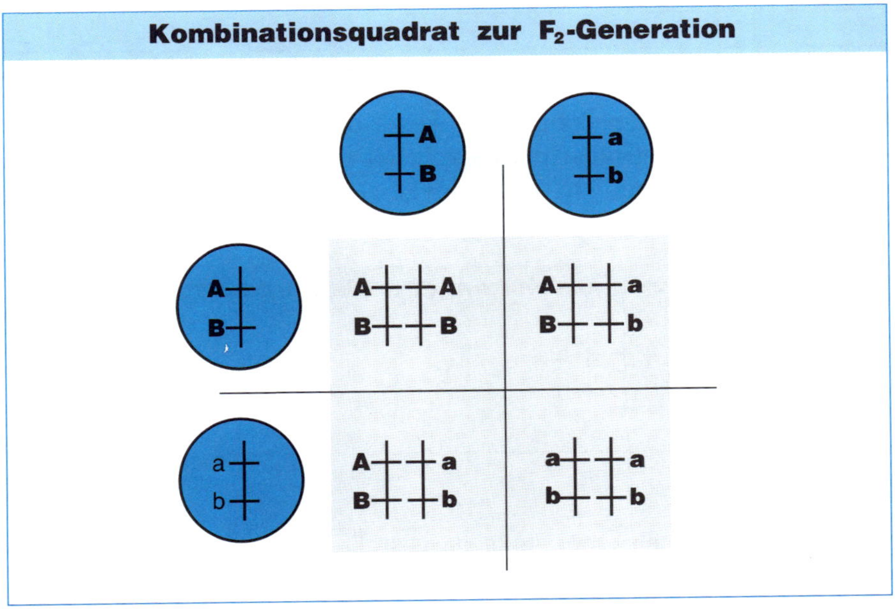
Kombinationsquadrat zur F2-Generation

Abb. 6

TIPP In einem dihybriden Erbgang liegt dann Genkoppelung vor, wenn in der F_2-Generation nur zwei Phänotypen im Zahlenverhältnis von 3 : 1 auftreten.

Zu 2.

Hier werden Individuen der F_1-Generation mit Individuen des doppelt rezessiven Elterntyps gekreuzt. Man nennt das eine **Rückkreuzung** (s. Abb. 8). Als Ergebnis dürften nur die beiden Elterntypen wieder auftreten. Da aber nun zu einem gewissen Prozentsatz die gekoppelten Allele getrennt werden, muss es in der Prophase der 1. Reifeteilung zu einem sogenannten **Crossing-over** gekommen sein. Dabei brechen die Chromatiden der gepaarten homologen Chromosomen auf und verheilen über Kreuz. Es findet ein Allelaustausch zwischen den homologen Chromatiden statt (s. Abb. 7).

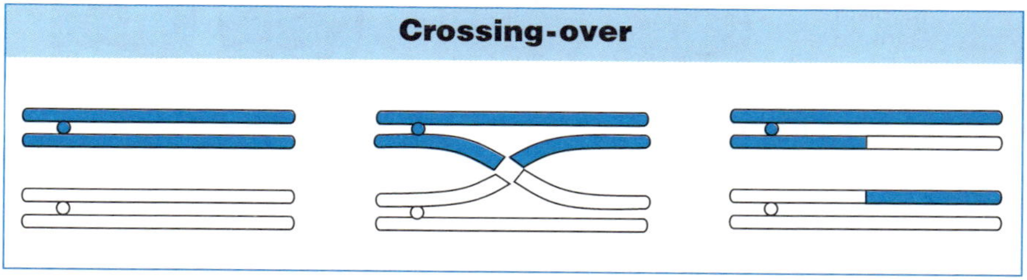

Abb. 7

Der Austausch ist um so häufiger, je weiter die beiden Allele voneinander entfernt sind. Die **Austauschhäufigkeit in Prozent** wird als **Maß für den Genabstand** genommen. In unserem Fall zeigen 13 % der Pflanzen einen Allelaustausch (13 + 13 von insgesamt 200 Pflanzen).

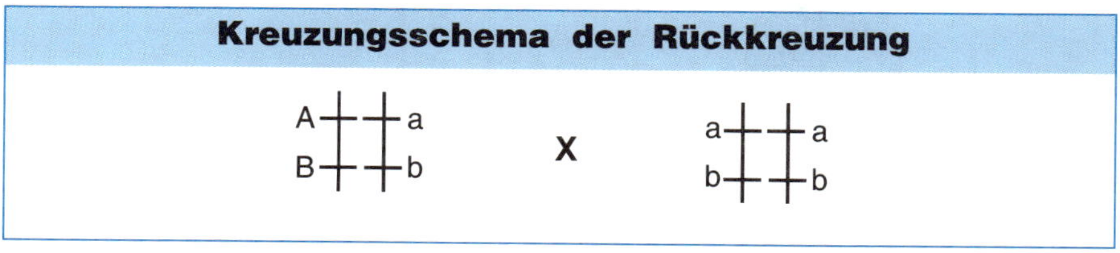

Abb. 8

Die F_1-Individuen, also der links dargestellte Elterntyp, können durch Crossing-over folgende Gameten bilden (s. Abb. 9):

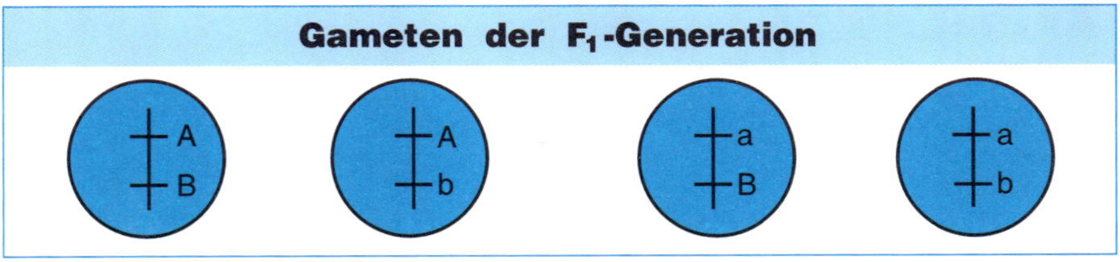

Abb. 9

Die Gameten, bei denen die beiden Allele nicht neu kombiniert sind, entstehen viel häufiger, da sie auch in allen Fällen ohne Crossing-over auftreten werden.
Die homozygoten Individuen bilden nur eine Sorte von Gameten. (Crossing-over kann nicht erkannt werden, da auf beiden Chromosomen die gleichen Allele liegen.)

Das Ergebnis der Rückkreuzung ergibt sich aus folgendem Kombinationsschema (s. Abb. 10):

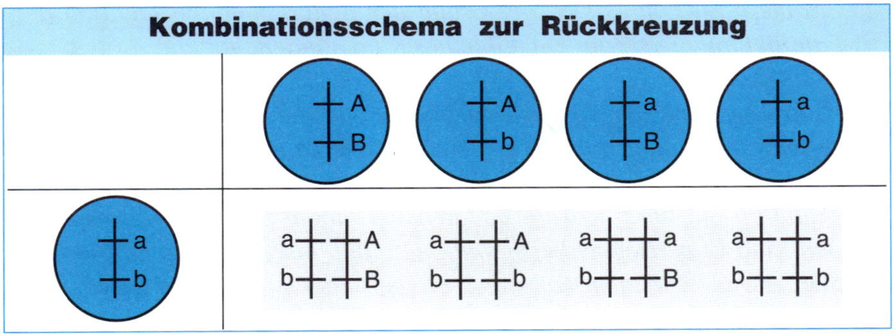

Abb. 10

Phänotypen:	dunkelgrün behaart		dunkelgrün unbehaart		gelbgrün behaart		gelbgrün unbehaart
Verhältnis:	88	:	13	:	13	:	86

TIPP Sie können grundsätzlich von Crossing-over ausgehen, wenn bei einer dihybriden Kreuzung ganz ungewöhnliche Zahlenverhältnisse auftreten, vor allem, wenn einzelne Typen nur einen ganz geringen Prozentsatz des Ergebnisses ausmachen. Bei Drosophila-Kreuzungen kann Crossing-over nur bei Weibchen auftreten!

Aufgabe 6

*In einer Familie besitzen die drei Kinder die Blutgruppen **A, B** und **0**. Alle drei Kinder sind rhesusnegativ.*

1. *Leiten Sie aus diesen Angaben die möglichen Genotypen der Eltern ab! Stellen Sie davon ausgehend in einem Erbschema die Genotypen der Kinder dar! Gehen Sie dabei von einer möglichen Genotypenkonstellation von Vater und Mutter aus!*

2. *Erklären Sie am Beispiel der **AB0**-Blutgruppenvererbung die Begriffe Kodominanz und multiple Allelie!*

3. *Der oben hinsichtlich der Blutgruppensituation beschriebenen Familie ging in den Kriegswirren ein Kind verloren. Lange nach Kriegsende tritt eine Person auf, die behauptet, das verlorene Kind zu sein. Die Person besitzt die Blutgruppe AB und ist rhesuspositiv.*
   Erläutern Sie, ob es sich auf Grund der Blutgruppenkonstellation der Familienmitglieder um ein leibliches Kind handeln könnte!

4. *Ist in einer Ehe der Vater rhesuspositiv und die Mutter rhesusnegativ, so wird der Mutter nach der Geburt des ersten rhesuspositiven Kindes ein Serum mit Antikörpern gegen den Rhesusfaktor injiziert.*
   Erläutern Sie kurz, warum dadurch bei einem weiteren rhesuspositiven Kind Unverträglichkeitsreaktionen, die ansonsten gegen Ende der Schwangerschaft zu erwarten wären, vermieden werden können!

Zu 1.

Menschen mit Blutgruppe **A** im Phänotyp können als Genotyp **AA** oder **A0** besitzen, ebenso kann zu Blutgruppe **B** der Genotyp **BB** oder **B0** gehören.
Da das Kind mit Blutgruppe **0** in jedem Fall homozygot **00** ist, muss jeder Elternteil heterozygot für **0** sein, also entweder **A0** oder **B0**.
Beim **Rhesusfaktor** wird üblicherweise nur das wichtigste Gen **D** betrachtet (**DD** bzw. **Dd** = rhesuspositiv, **dd** = rhesusnegativ). Alle Kinder sind rhesusnegativ, also müssen beide Eltern das Allel **d** besitzen, ob heterozygot **Dd** oder homozygot **dd** lässt sich nicht entscheiden.

Mögliches Erbschema:

Eltern:	**A 0 , d d**		×	**B 0 , d d**
Gameten:	**A,d 0,d**			**B,d 0,d**
Kinder:	**A0,dd**	**B0,dd**	**00,dd**	**(AB,dd)**

Zu 2.

Multiple Allele entstehen durch **mehrfache Mutationen an einem Genort**. Beim **AB0-Blutgruppensystem** handelt es sich um Zucker-Protein-Verbindungen an der Oberfläche von roten Blutkörperchen. Am Ende einer solchen Kette aus mehreren Zuckern und einem Protein hängt bei Blutgruppe B der Zucker Galaktose, bei Blutgruppe A ein Galaktosederivat und bei Blutgruppe 0 keine Galaktose. Es gibt also ein Gen, das im Normalfall (Allel **B**) für die Bindung von Galaktose an die bestehende Kette verantwortlich ist. Das mutierte Allel **A** bindet eine chemisch veränderte Galaktose. Bei der Mutation zum Allel **0** wurde das Gen so verändert, dass kein funktionsfähiges Enzym zur Galaktoseanbindung hergestellt wird.
Die Allele **A** und **B** sind daher **kodominant**, d. h. sie sind nebeneinander phänotypisch erkennbar. Es werden also beide Arten von Zucker-Protein-Ketten mit den verschiedenen Galaktosen gleichzeitig gebildet. Beide Allele sind natürlich dominant über das **0**-Allel, da bei einer heterozygoten **A0**- oder **B0**-Person nur der **A**- oder **B**-Typ von Galaktose gebunden werden kann. Dadurch entsteht phänotypisch die Blutgruppe **A** oder **B**.

Zu 3.

Im Erbschema unter 1. ist erkennbar, dass bei der gegebenen Verteilung der **AB0**-Allele ein Kind mit der Blutgruppe **AB** möglich ist. Geht man davon aus, dass ein Elternteil oder sogar beide auch heterozygot **Dd** sein könnten, so wäre ein Kind mit heterozygot **Dd** oder homozygot **DD** jederzeit möglich, das dann phänotypisch rhesuspositiv wäre. Demnach könnte das Kind zu dieser Familie gehören.

Zu 4.

Der **Rhesusfaktor** ist wie das **AB0**-System eine bestimmte Membraneigenschaft der roten Blutkörperchen. Während der Geburt tritt ein Teil des kindlichen, rhesuspositiven Blutes aus der Plazenta in den mütterlichen Kreislauf über und löst dort eine Immunreaktion aus. Die rhesusnegative Mutter bildet Antikörper gegen den Rhesusfaktor. Das Neugeborene wird dadurch nicht mehr geschädigt, aber alle nachfolgenden rhesuspositiven Geschwister.

Die mütterlichen Antikörper sind nämlich plazentagängig und können in den Kreislauf des Ungeborenen übertreten. Sie verursachen einen schnellen Abbau der roten Blutkörperchen. Die verlorenen Blutzellen werden durch überstürzte Neubildung ersetzt, es entstehen unreife, nicht voll funktionsfähige Blutkörperchen. Die Folge sind Anämie und Sauerstoffmangel im Blut. Besonders intensiv ist der Übertritt von Antikörpern während der Geburt. Durch den unvollständigen Abbau der roten Blutkörperchen werden der Farbstoff Hämoglobin und sein Abbauprodukt, der gelbe Farbstoff Bilirubin, frei und färben das Blutserum. Das Kind hat Gelbsucht. Bei höheren Konzentrationen lagert sich das Bilirubin im Gehirn ab und erzeugt dadurch schwere geistige Schäden.
Diese Unverträglichkeitsreaktionen bei weiteren Kindern kann durch Injektion von Antikörpern gegen den Rhesusfaktor nach der Geburt des ersten Kindes vermieden werden. Die injizierten Antikörper sorgen für den schnellen Abbau der eingedrungenen roten Blutkörperchen. Dadurch verschwinden die Rhesusantigene sehr schnell, und das Immunsystem der Mutter hat keine Gelegenheit, selbständig Antikörper zu produzieren. Bei jedem weiteren rhesuspositiven Kind muss diese Gabe von Antikörpern natürlich wiederholt werden.

Aufgabe 7

Beim Menschen wird mit der Befruchtung das genetische Geschlecht des neu entstehenden Lebewesens festgelegt. Wissenschaftliche Untersuchungen zeigen, dass „männliche" Zygoten und „weibliche" Zygoten im Verhältnis 136 : 100 entstehen. Das Zahlenverhältnis bei den Neugeborenen beträgt aber 106 Buben zu 100 Mädchen.

1. *Beschreiben Sie den Mechanismus der genetischen Geschlechtsbestimmung beim Menschen und leiten Sie das theoretische Geschlechtsverhältnis (= theoretisches Befruchtungsverhältnis) beim Menschen ab! Diskutieren Sie mögliche Ursachen für die beobachtete Verschiebung des Geschlechtsverhältnisses!*

2. *Erläutern Sie eine relativ einfache Methode, mit der man in der medizinischen Praxis das chromosomale Geschlecht eines Menschen feststellen kann!*

Zu 1.

Wie bei vielen anderen getrenntgeschlechtlichen Organismen unterscheiden sich beim Menschen die beiden Geschlechter in ihrem Chromosomensatz. Neben den **22 Paaren von Autosomen** besitzt die **Frau zwei X-Chromosomen**, der **Mann** ein **X-** und ein **Y-Chromosom**. Bei der Meiose erhalten die Eizellen einer Frau je ein X-Chromosom neben den 22 Autosomen. Der Mann bildet zwei Sorten von Spermien, nämlich mit einem X- oder einem Y-Chromosom. Bei der Befruchtung entscheidet also das Spermium, welches chromosomale Geschlecht die Zygote erhält.
Da beide Sorten von Spermien mit gleicher Wahrscheinlichkeit gebildet werden, müsste das Befruchtungsverhältnis 1 : 1 sein. Die höhere Zahl von XY-Zygoten könnte auf einer höheren Beweglichkeit der Y-Spermien beruhen. (Das Y-Chromosom ist wesentlich kleiner als das X-Chromosom.) Später verringert sich die Zahl der XY-Embryonen durch erhöhte Sterblichkeit. Bei ihnen können nämlich sich negativ auswirkende rezessive Allele auf dem X-Chromosom nicht durch ein funktionsfähiges normales Allel auf dem zweiten X kompensiert werden. Dies wirkt sich bis in spätere Entwicklungsstadien aus. Auch die Anzahl der Frühgeburten und die Säuglingssterblichkeit sind im männlichen Geschlecht höher. Damit nähert sich bis zur Geschlechtsreife das Geschlechterverhältnis immer mehr 1 : 1 an.

Zu 2.

Eines der beiden X-Chromosomen bei der Frau wird in jeder Zelle im Laufe der Entwicklung **inaktiviert**, d. h. ähnlich wie in der Metaphase stark kondensiert. Dieses kompakte X-Chromosom kann durch Anfärbung als sogenanntes **Barr-Körperchen** in vielen Zellkernen, z. B. von Mundschleimhautzellen oder Haarwurzelzellen, leicht erkannt werden. XY-Männer können kein Barr-Körperchen in den Zellkernen haben, da das einzige X-Chromosom natürlich immer aktiv bleiben muss.
Eine andere Möglichkeit wäre die selektive Anfärbung des Y-Chromosoms mit speziellen fluoreszierenden Farbstoffen.

Aufgabe 8

Auf Anraten ihres Arztes lässt eine 43-jährige schwangere Frau eine Fruchtwasseruntersuchung durchführen. Dabei führt die Analyse fetaler Zellen zu folgendem Karyogramm.

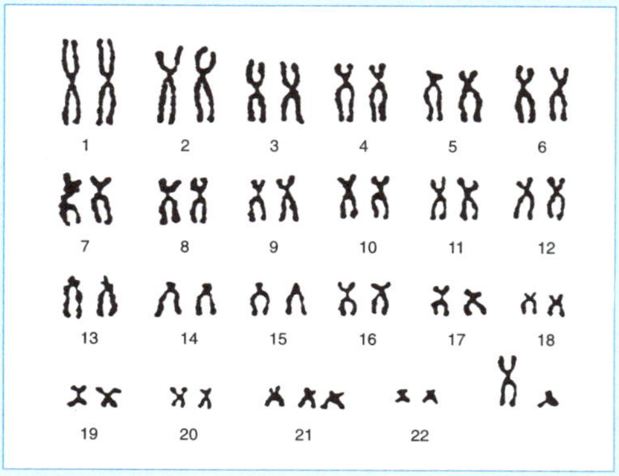

1. *Formulieren Sie aus dem Karyogramm ablesbare Befunde! Stellen Sie für die vom Normalfall abweichende Chromosomenkonstellation eine Möglichkeit der Entstehung dar! Legen Sie dabei zugrunde, dass beide Elternteile einen normalen Chromosomensatz aufweisen! Ergänzen Sie Ihre Ausführungen durch beschriftete Skizzen!*

2. *Geben Sie zwei morphologische Merkmale an, die Personen mit einer derartigen Genommutation kennzeichnen!*

Zu 1.

Das Karyogramm wurde von einem männlichen Fetus erstellt, der eine **Trisomie 21** aufweist. Die Eltern besitzen meist normale Chromosomensätze, weil diese **nummerische Chromosomenaberration** häufig spontan auftritt. Sie wird durch eine Fehlverteilung bezüglich des Chromosoms 21, in der 1. oder 2. Reifeteilung der Meiose, ausgelöst. Untersuchungen haben ergeben, dass bei ca. 95 % der Patienten das überzählige Chromosom 21 von der Mutter stammt.

Entstehung:

1. Möglichkeit: **Nondisjunction** (Nicht-Trennung) des homologen Chromosomenpaares 21 **in der Reduktionsteilung** der Meiose bei der Oogenese (s. Abb. 11)

Nondisjunction in der Reduktionsteilung

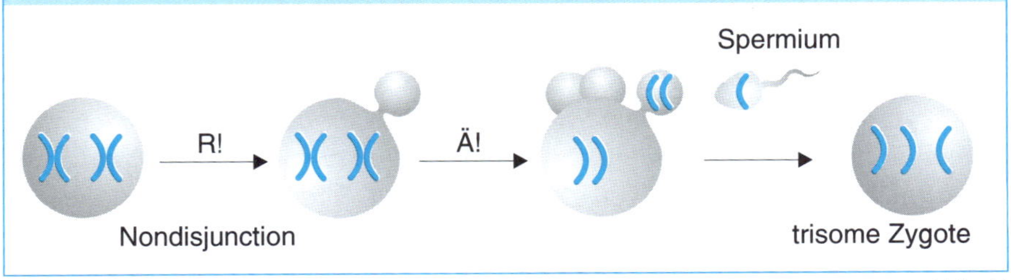

Abb. 11

2. Möglichkeit: **Nondisjunction** des Chromosoms 21 in der **Äquationsteilung** der Meiose bei der Oogenese (s. Abb. 12)

Nondisjunction in der Äquationsteilung

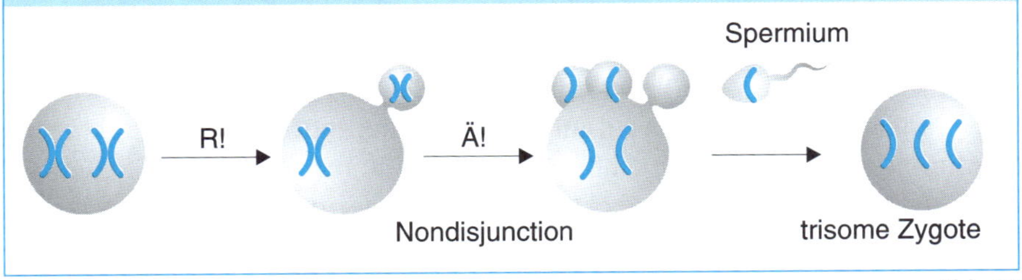

Abb. 12

In beiden Fällen besitzt das befruchtende Spermium einen normalen Chromosomensatz.

Zu 2.

Bei der Trisomie 21, die auch als **Down-Syndrom** bezeichnet wird, treten bestimmte morphologische Merkmale auf: Besonders auffallend sind die schräg gestellten Augen mit einer Lidfalte des oberen Augenlids; deshalb wurde diese Chromosomenerkrankung früher irreführenderweise auch als **Mongolismus** bezeichnet. Weiterhin sichtbar sind Minderwuchs, eine verbreiterte Nasenwurzel und häufig eine stark vergrößerte Zunge. Besonders Herz und Darm können geschädigt und in ihrer Funktion beeinträchtigt sein. Außerdem ist dieses Erscheinungsbild stets mit einer geistigen Behinderung verbunden.

Aufgabe 9

Herr und Frau M. sind phänotypisch gesund und haben zwei Kinder. Der Sohn ist fünf und ebenfalls phänotypisch gesund, seine Schwester ist drei Jahre alt und zeigt das Down-Syndrom. Frau M. erwartet ihr drittes Kind. Sie befürchtet nun, ein weiteres behindertes Kind zur Welt zu bringen. Deshalb nutzt sie die Möglichkeit der genetischen Familienberatung, die zu folgenden Befunden führt: Die Karyogramme von Frau M. und ihrem Sohn weisen jeweils 45 Chromosomen auf. Herr M. und die behinderte Tochter haben jeweils 46 Chromosomen.

1. *Werten Sie die Angaben zu den vier Karyogrammen der Familie aus!*
2. *Leiten Sie aus den elterlichen Keimzellen vier mögliche Konstellationen bezüglich des Chromosoms 21 für das dritte Kind ab!*

Da das Karyogramm der Tochter mit dem Down-Syndrom 46 Chromosomen aufweist, muss eine **Translokations-Trisomie** vorliegen.
Die Translokation gehört zu den Chromosomenmutationen (strukturelle Chromosomenaberration). Dabei vereinigen sich zwei kleine Chromosomen wie z. B. Nr. 15 und 21 nach Brüchen im oder unmittelbar neben dem Zentromer. Ihre kurzen Arme, deren genetischer Gehalt phänotypisch unwirksam bzw. kompensierbar ist, gehen verloren. Das entstehende Produkt sieht aus wie ein einziges Chromosom mit dem Zentromer in der Mitte. Daher zählt man bei Frau M. und ihrem Sohn nur 45 Chromosomen, obwohl sie alle 46 besitzen; dies nennt man eine **balancierte Translokation**. Beide Personen sind deshalb phänotypisch völlig normal.

Zu 1.

Herr M:	46 Chromosomen: 44 Autosomen + Gonosomen XY
Frau M:	45 Chromosomen: 43 Autosomen + Gonosomen XX Es liegt eine balancierte Translokation vor, z. B. ein Chromosom 21 ist mit einem Chromosom 15 verwachsen (21/15).
Sohn:	45 Chromosomen: 43 Autosomen + Gonosomen XY Es liegt ebenfalls eine balancierte Translokation vor, z. B. (21/15).
Tochter:	46 Chromosomen: 44 Autosomen + Gonosomen XX Down-Syndrom durch Translokations-Trisomie: zwei freie Chromosomen 21 und ein weiteres Chromosom 21, das z. B. mit dem Chromosom 15 verwachsen ist (21/15).

Zu 2.

Bei der Keimzellenbildung kommt es infolge der Translokation häufig zu Störungen. Im Verlauf der Meiose ordnen sich bekanntlich die homologen Chromosomen paarweise an. Bei einer Translokation müssen sich drei Chromosomen zur Paarung der homologen Abschnitte anordnen. Dies ist nur sehr unvollständig möglich. Deshalb kommt es zu Komplikationen beim Auseinanderweichen in der Anaphase der Reduktionsteilung, und es bleibt dem Zufall überlassen, wie die drei Chromosomen auf die zwei Tochterzellen verteilt werden. Es entstehen normale Gameten neben solchen, die das translozierte Chromosom doppelt oder gar nicht enthalten (s. Abb. 13).

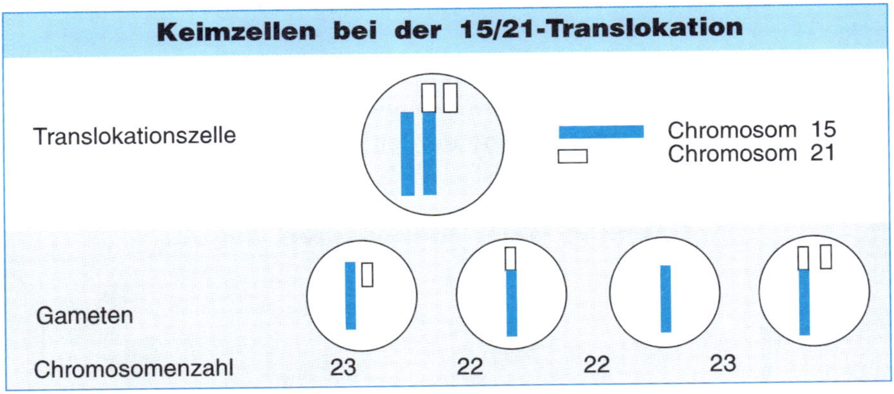

Abb. 13

Bei der Befruchtung dieser Keimzellen (z. B. Eizellen) mit normalen Gameten (z. B. Spermien) gibt es folgende vier Möglichkeiten:

1. Die Eizelle, die die Chromosomen 15 und 21 getrennt enthält, liefert eine **normale Zygote**, deren Entwicklung ungestört verläuft (s. Abb 14).

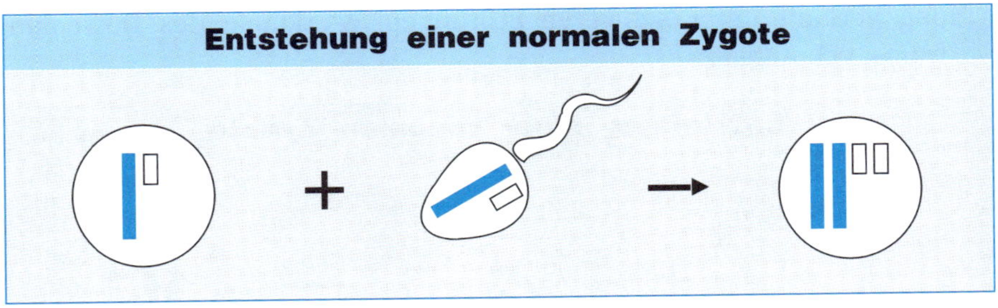

Abb. 14

2. Die Eizelle mit 22 Chromosomen, die das Translokationsprodukt enthält, liefert eine Zygote mit 45 Chromosomen. Diese enthält aber alle

homologen Chromosomen, nur hängen zwei zusammen. Man bezeichnet diese Erscheinung als **balancierte Translokation**. Die Entwicklung der Zygote verläuft normal (s. Abb. 15).

Entstehung einer Zygote mit balancierter Translokation

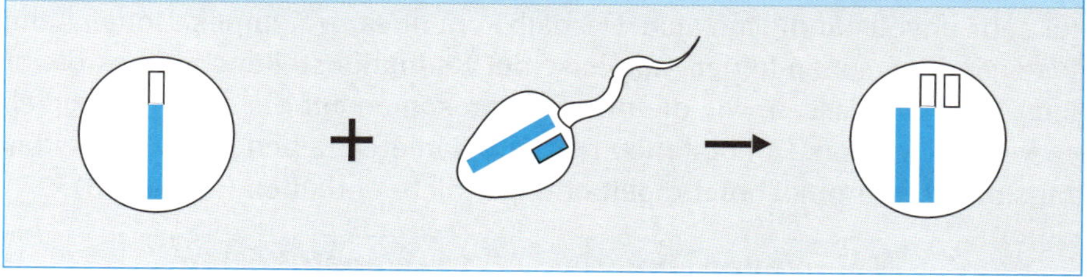

Abb. 15

3. Der anderen Eizelle mit 22 Chromosomen fehlt das Chromosom 21. Bei ihrer Befruchtung entsteht eine bezüglich Chromosom 21 **monosome Zygote**, die nicht lebensfähig ist (s. Abb. 16).

Entstehung einer monosomen Zygote

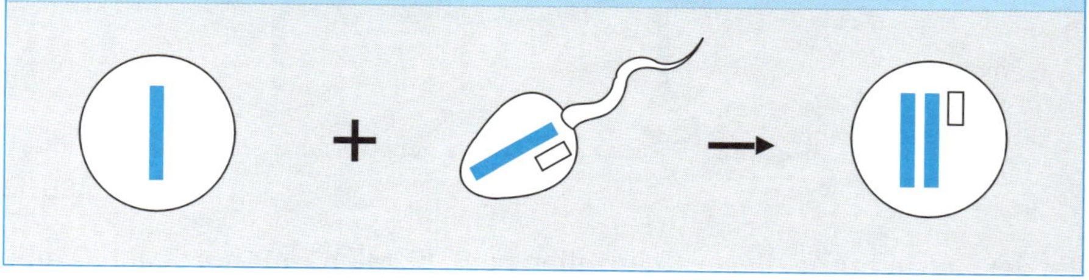

Abb. 16

4. Die Eizelle mit 23 Chromosomen, die das Chromosom 21 doppelt enthält, liefert schließlich eine **trisome Zygote** (s. Abb. 17). Ihre Entwicklung verläuft unter schweren Störungen (Merkmale des Down-Syndroms, vgl. Aufgabe 8).

Entstehung einer trisomen Zygote

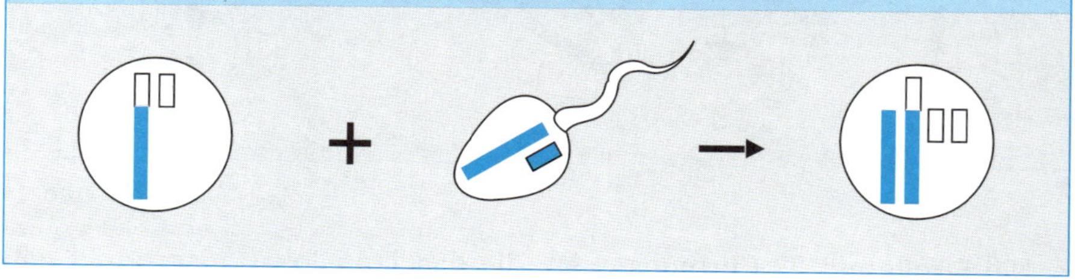

Abb. 17

Aufgabe 10

Beim Menschen kommt es vereinzelt zu Chromosomenzahländerungen.

1. *Geben Sie das Genom eines Menschen*
   a) mit Klinefelter-Syndrom
   b) mit Diplo-Y-Syndrom an!
   Erklären Sie kurz, welches Geschlecht diese beiden Menschen haben!

2. *Stellen Sie, ausgehend von der Keimzellenbildung, Möglichkeiten für das Zustandekommen der beiden Chromosomenzahlaberrationen bei Kindern gesunder Eltern dar!*

Zu 1.

Klinefelter: 47, XXY (also 22 Autosomenpaare und 3 Gonosomen)
Diplo-Y: 47, XYY (ebenfalls 22 Autosomenpaare und 3 Gonosomen)
Da beim Menschen auf dem Y-Chromosom ein dominanter Geschlechtsrealisator für männlich liegt (menschliche Embryonen mit einem Y-Chromosom bilden als Keimdrüsen immer Hoden aus), sind die genannten Genotypen phänotypisch männlich. Allerdings sind Männer mit dem Klinefelter-Syndrom steril.

Zu 2.

Bei der Meiose werden die beiden X- bzw. das X- und das Y-Chromosom in der Prophase der 1. Reifeteilung gepaart. (Es gibt also einen kleinen Bereich, in dem die beiden Chromosomen homolog sind.) Wenn sie sich in der Anaphase trennen, wandern die beiden Gonosomen zu den entgegengesetzten Polen. Gelegentlich lösen sich die beiden Partner nicht und gehen zum gleichen Pol. Diesen Vorgang bezeichnet man als **Nondisjunction** (vgl. Aufgabe 8). Ein derartiges Nondisjunction kann auch in der 2. Reifeteilung erfolgen, wenn sich ein Chromosom nicht in die beiden Chromatiden teilt. Auf diese Weise entstehen Keimzellen mit einer ungewöhnlichen Anzahl von Gonosomen. Zellen ohne Geschlechtschromosom nennt man 0-Zellen (Null-X bzw. Null-Y).
Je nachdem, ob das Nondisjunction in der 1. oder in der 2. Reifeteilung erfolgt, können folgende **anomale Keimzellen** gebildet werden:

Frau:	Nondisjunction	in 1. RT: XX, 0
		in 2. RT: XX, 0
Mann:	Nondisjunction	in 1. RT: XY, 0
		in 2. RT: XX, YY, 0 (s. Abb. 18, S. 28)

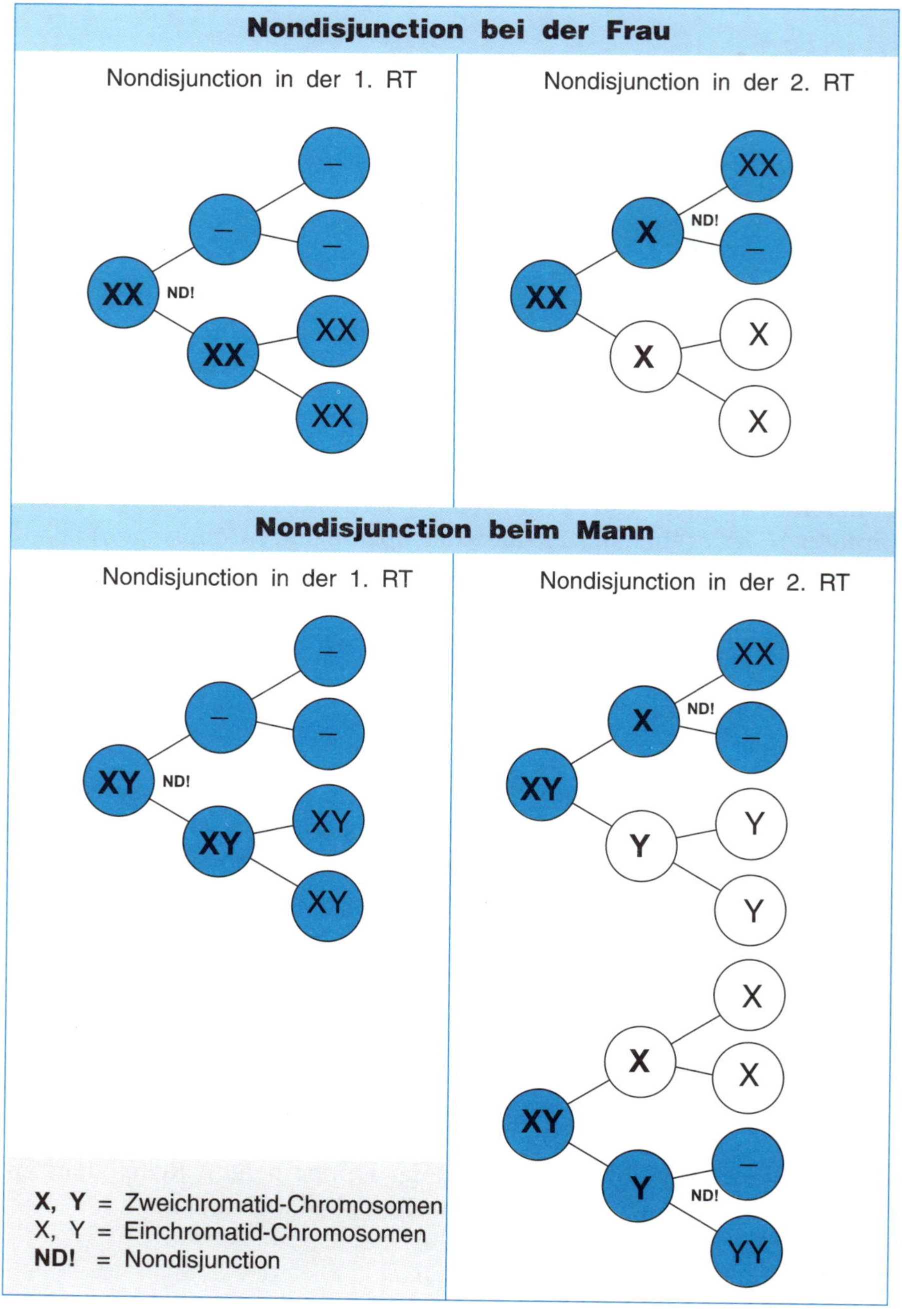
Nondisjunction bei der Frau
Nondisjunction in der 1. RT
XX
ND!
–
–
–
XX
XX
XX
Nondisjunction in der 2. RT
XX
X
ND!
XX
–
X
X
X
Nondisjunction beim Mann
Nondisjunction in der 1. RT
XY
ND!
–
–
–
XY
XY
XY
Nondisjunction in der 2. RT
XY
X
ND!
XX
–
Y
Y
Y
XY
X
X
X
Y
ND!
–
YY
X, Y = Zweichromatid-Chromosomen
X, Y = Einchromatid-Chromosomen
ND! = Nondisjunction

Abb. 18

Es ist daher sofort ersichtlich, dass der XYY-Genotyp in jedem Fall durch ein Nondisjunction beim Vater entstanden sein muss (normale X-Eizelle und YY-Spermium durch Nondisjunction in der 2. RT).
Für die Bildung des Klinefelter-Typs gibt es zwei Möglichkeiten: normale X-Eizelle und XY-Spermium oder XX-Eizelle und normales Y-Spermium.
Das XY-Spermium kann nur durch Nondisjunction in der 1. RT entstehen, bei einer XX-Eizelle lässt sich nicht sagen, in welcher RT das Nondisjunction erfolgt ist. Bei welchem Elternteil das Nondisjunction auftrat, ließe sich nur durch komplizierte Untersuchung von Markierungsgenen auf den Gonosomen feststellen.

Aufgabe 11

Eine Form des menschlichen Zwergwuchses ist die Chondrodystrophie. Bei diesem monogenen Erbleiden sind die Gliedmaßen des betroffenen Menschen verkürzt, Kopf und Rumpf sind fast normal entwickelt.

Nachfolgend ist der Stammbaum einer Familie, in der Chondrodystrophie auftritt, abgebildet:

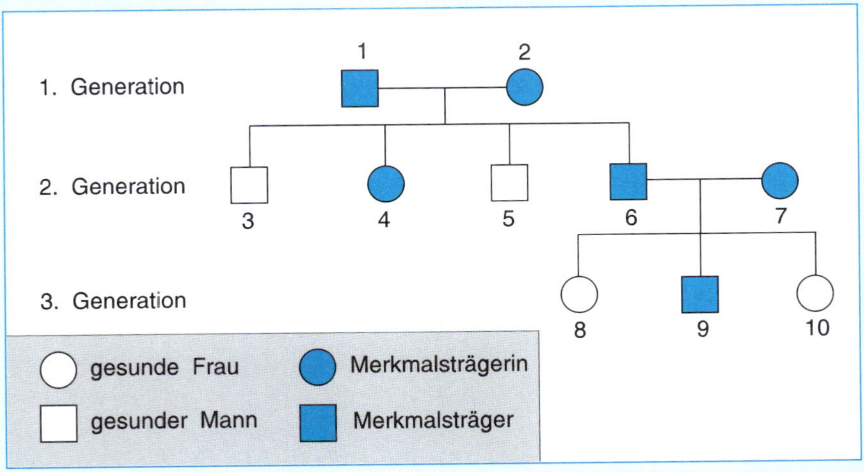

Begründen Sie, welchem Erbgang diese Krankheit folgt, und schließen Sie andere, Ihnen aus der Humangenetik bekannte Erbgangstypen aus!
Geben Sie die Genotypen der Personen 1, 3, 4, 6 und 8 an!

Es handelt sich bei diesem Beispiel um einen monohybriden Erbgang. Eindeutige Aussagen über den vorliegenden Erbgang lassen das Elternpaar 1 und 2 zu: Beide Personen sind an Chondrodystrophie erkrankt und haben trotzdem auch gesunde Kinder. Es muss eine autosomal-dominante Vererbung dieser Krankheit vorliegen.

Ausschluss anderer Erbgangstypen:

- Wäre der Erbgang autosomal-rezessiv, dürften bei den Kindern des Elternpaares 1 und 2 keine gesunden Kinder auftreten. Die Eltern müssten ja reinerbig krank sein, damit sich die Krankheit manifestiert.
- Wäre der Erbgang gonosomal-rezessiv, wäre es unmöglich, dass die männlichen Nachkommen des Elternpaares 1 und 2 gesund sind.

Genotypen:

Person 1 **Aa**
Person 3 **aa**
Person 4 **Aa** oder **AA**
Person 6 **Aa**
Person 8 **aa**

A = Allel für Zwergwuchs
a = Allel für Normalwuchs

Aufgabe 12

Eskimos ernähren sich fast ausschließlich von tierischer Nahrung. In Grönland wurde bei den Eskimos eine Rohrzuckerunverträglichkeit festgestellt (Häufigkeit ca. 9%), die auf einem Mangel an dem Enzym Saccharase beruht und erblich ist.

Der nachfolgende Stammbaum stellt diese Zuckerunverträglichkeit in einer Familie dar:

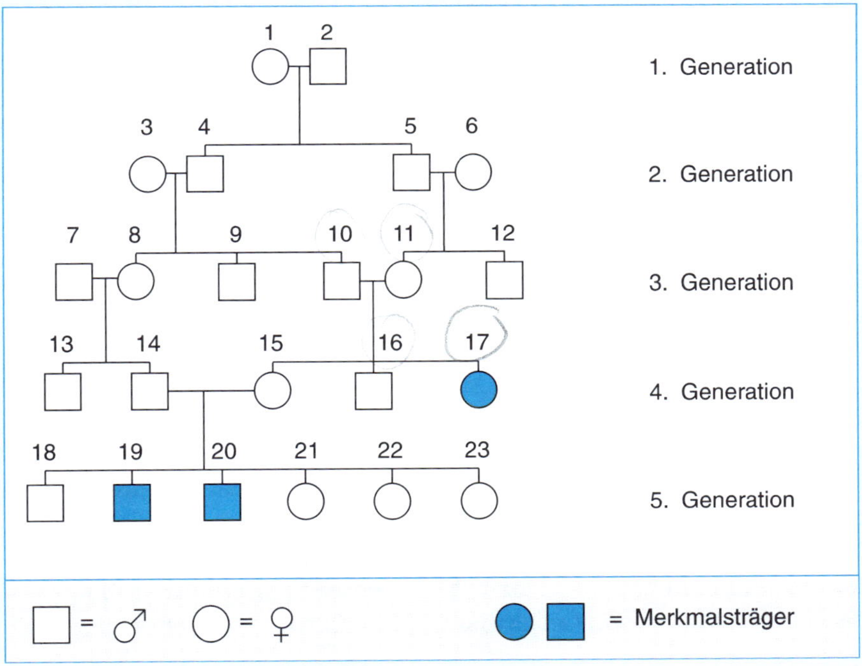

1. *Begründen Sie unter Angabe der entsprechenden Personen, welchem Erbgang diese Stoffwechselstörung folgt!*

2. *Geben Sie für die Personen 10, 11, 16 und 17 unter Verwendung der üblichen Buchstabensymbole alle möglichen Genotypen an! Begründen Sie Ihre Angaben und erläutern Sie das Auftreten der Krankheit in der IV. und V. Generation!*

Zu 1.

Bei derartigen Aufgaben ist üblicherweise zu untersuchen, ob es sich um einen autosomalen oder gonosomalen (praktisch immer X-chromosomalen), einen dominanten oder rezessiven Erbgang handelt. Die **Festlegung** erfolgt durch **Ausschluss bestimmter Erbgänge**.

In diesem Fall scheidet ein dominanter Erbgang aus, da die Eltern von Person 17 bzw. 19 und 20 das Merkmal nicht zeigen. Dass es sich jedesmal um eine dominante Neumutation handelt, ist bei dem relativ häufigen Auftreten in der Eskimopopulation unwahrscheinlich. Also ist der Erbgang rezessiv.

Bei einem X-chromosomalen Erbgang müssten die beiden Eltern 10 und 11 das entsprechende rezessive Allel auf einem X-Chromosom tragen, damit die Tochter 17 es homozygot erhalten kann. Da der Vater 10 das Merkmal nicht zeigt, kann er es nicht auf dem X-Chromosom besitzen. Ein X-chromosomaler Erbgang scheidet daher aus.

Es handelt sich also um einen **autosomalen, rezessiven Erbgang**.

Zu 2.

Bezeichnet man das Allel für Rohrzuckerunverträglichkeit mit **a**, so besitzen die genannten Personen folgenden Genotyp:

10	**Aa**	11	**Aa**
16	**AA** oder **Aa**	17	**aa**

Die Eltern 10 und 11 müssen das Allel heterozygot tragen, damit die homozygote Merkmalsträgerin 17 entstehen kann. Die Kombination für 16 lässt sich aus dem Stammbaum nicht bestimmen. (Bei 15 wäre es wieder eindeutig **Aa**.)

Die Wahrscheinlichkeit, dass beide Ehepartner heterozygot sind, ist bei den Verwandtenehen 10–11 bzw. 14–15 wesentlich erhöht. In beiden Fällen heiraten Kinder von Geschwistern, also Cousinen und Cousins.

Aufgabe 13

In einer Familie kommt gehäuft eine bestimmte, seltene Form der Taubheit vor. Eine Stammbaumanalyse ergibt folgendes Bild:

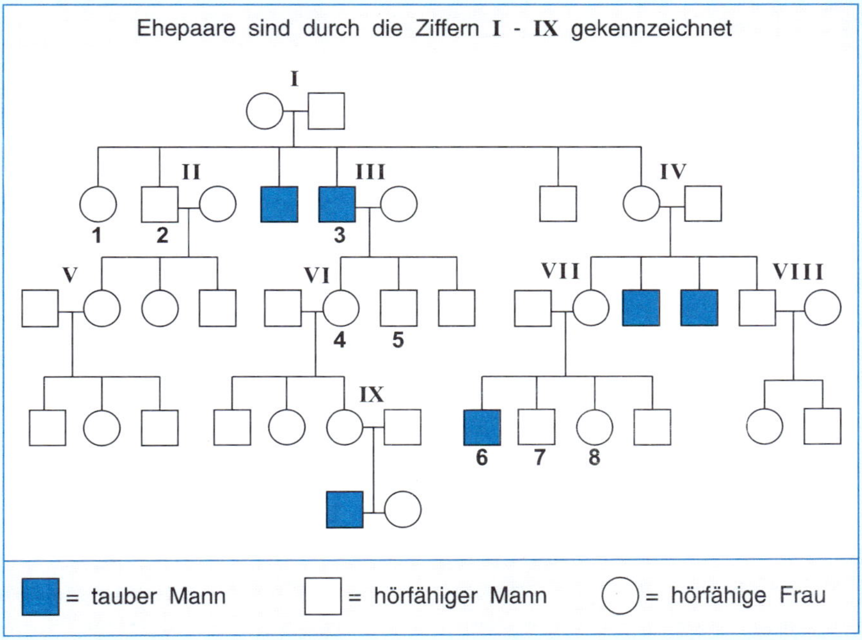

1. *Entscheiden Sie anhand dieses Stammbaumschemas, ob die angegebene Form von Taubheit dominant oder rezessiv vererbt wird, und begründen Sie Ihre Entscheidung!*

2. *Das die Hörfähigkeit bestimmende Gen liegt auf dem X-Chromosom. Geben Sie die möglichen Genotypen der mit den Ziffern 1 mit 5 gekennzeichneten Personen an!*

3. *Machen Sie Aussagen bezüglich der zu erwartenden Hörfähigkeit für die Söhne und Töchter der Personen 6, 7 und 8, die jeweils aus der Ehe mit erbgesunden Partnern hervorgehen! Begründen Sie Ihre Aussagen!*

Zu 1.

Taube Söhne treten bei den Ehepaaren I, IV, VII und IX auf. In allen diesen Ehen sind beide Ehepartner normal hörfähig. Das Allel für Taubheit muss daher rezessiv sein.

Zu 2.

Kennzeichnet man das X-Chromosom mit dem Allel für normale Hörfähigkeit mit $\mathbf{X_A}$ und das mit dem rezessiven Allel für Taubheit mit $\mathbf{X_a}$, so können die gefragten Personen folgende Genotypen besitzen:

1: $\mathbf{X_A\,X_A}$ oder $\mathbf{X_A\,X_a}$ 2: $\mathbf{X_A\,Y}$ 3: $\mathbf{X_a\,Y}$

4: $\mathbf{X_A\,X_a}$ 5: $\mathbf{X_A\,Y}$

Zu 3.

Person 6: (Genotyp $\mathbf{X_a\,Y}$)

Alle Söhne werden den Genotyp $\mathbf{X_A\,Y}$ erhalten, alle Töchter $\mathbf{X_A\,X_a}$, damit werden alle Kinder normal hörfähig sein, allerdings sind die Töchter Überträgerinnen (**Konduktorinnen**) der Krankheit.

Person 7: (Genotyp $\mathbf{X_A\,Y}$)

Auch hier werden alle Kinder normal hörfähig sein ($\mathbf{X_A\,X_A}$ bzw. $\mathbf{X_A\,Y}$).

Person 8: (Genotyp $\mathbf{X_A\,X_A}$ oder $\mathbf{X_A\,X_a}$)

Person 8 kann entweder homozygot gesund oder Überträgerin sein. Im ersten Fall werden alle Kinder normal hörfähig sein (Genotyp $\mathbf{X_A\,X_A}$ oder $\mathbf{X_A\,Y}$). Ist die Frau dagegen Überträgerin, so sind die Töchter normal hörfähig, dabei aber mit 50 %iger Wahrscheinlichkeit wieder Überträgerinnen ($\mathbf{X_A\,X_A}$ oder $\mathbf{X_A\,X_a}$). Die Söhne werden mit gleicher Wahrscheinlichkeit entweder normal hörfähig ($\mathbf{X_A\,Y}$) oder taub sein ($\mathbf{X_a\,Y}$).

TIPP

Sie können zur Kennzeichnung der verschiedenen X-Chromosomen auch andere Darstellungsmöglichkeiten wählen, z. B. unterschiedliche Farben für die X: X **X**

Oder Sie kennzeichnen die Allele verschieden: X X

Oder Sie zeichnen das X als Strich mit verschiedenfarbigen Allelen als Symbol darauf sowie das Y z. B. als Haken:

Die letzte Darstellung ist besonders geeignet, wenn Sie mehr als ein Gen auf dem X kennzeichnen müssen (Beliebte Aufgabe in diesem Zusammenhang ist eine Kombination von Rotgrün-Blindheit und Bluterkrankheit).

Vergessen Sie in keinem Fall eine Erläuterung der von Ihnen gewählten Symbole!

Aufgabe 14

Ein Erbleiden bedeutet für die betroffenen Personen meist eine lebenslange Beeinträchtigung von Körperfunktionen. Im Falle der Phenylketonurie aber kann man heute durch rechtzeitig eingeleitete Maßnahmen die Folgen weitgehend verhindern.

1. *Beschreiben Sie die Symptome und Diagnosemöglichkeiten der Phenylketonurie!*
   Erläutern Sie die Wirkung des verursachenden Allelpaares unter Mitverwendung eines beschrifteten Schemas!

2. *Ein phänotypisch gesundes Elternpaar bekommt ein an Phenylketonurie erkranktes Kind.*
   Erstellen Sie hierfür ein Vererbungsschema!
   Stellen Sie durch Anwendung einschlägiger Regeln Überlegungen über die Wahrscheinlichkeit an, dass ein weiteres mit dem Leiden belastetes Kind dieses Paares geboren wird!

3. *Erläutern Sie die Maßnahmen, mit denen sich die Ausprägung dieser Erbkrankheit eindämmen bzw. weitgehend verhindern lässt!*

Zu 1.
Bei der **Phenylketonurie** handelt es sich um eine **Störung im Stoffwechsel des Phenylalanins**.
Phenylalanin ist eine Aminosäure. Sie wird dem Organismus mit den Nahrungsproteinen zugeführt, tritt nach der Eiweißspaltung frei auf und wird als essentielle, also vom Körper nicht selbst synthetisierbare Aminosäure zum Aufbau körpereigener Proteine gebraucht.
Gleichzeitig stellt Phenylalanin das Ausgangsprodukt für eine Synthesekette dar. Es reagiert weiter zu Tyrosin, das die Vorstufe der Schilddrüsenhormone und des Melanins (Hautpigment) bildet.
Jeder Schritt der Synthesekette wird von einem Enzym katalysiert, z. B.:

$$\text{Phenylalanin} \xrightarrow{\text{Phenylalaninhydrolase}} \text{Tyrosin}$$

Fehlt das Enzym, so läuft die Synthesekette nicht ab. Das ist bei der als Phenylketonurie bezeichneten Stoffwechselstörung der Fall. Phenylalanin reichert sich in den Interzellularen, im Blut und im Liquor des Gehirns an. Die Konzentrationen übersteigen den Normalwert um das Dreißigfache.

Dies führt bei der Entwicklung des Gehirns zu schweren Störungen. Die Patienten sind stark schwachsinnig (IQ häufig unter 20, also Idiotie).
Die Haut ist schwach pigmentiert. Denn Tyrosin, ebenfalls eine Aminosäure, wird mit der Nahrung zugeführt und kann dann zum Hautpigment weiterreagieren. Durch den ständigen Mangel an Tyrosin erscheint die Haut hell, das Haar rötlich und die Iris sehr blass.
Das überschüssige Phenylalanin wird in mehreren Stoffwechselschritten abgebaut. Es entstehen als Derivate des Phenylalanins die Phenylbrenztraubensäure, Phenylessigsäure und Phenylmilchsäure. Wahrscheinlich sind auch die Derivate und nicht nur das Phenylalanin selbst für die Hirnschädigungen verantwortlich. Diese Stoffe haben eine hohe Nierenpenetranz und werden im Harn ausgeschieden. (Dort sind sie z. B. nach Zugabe von Eisensalzen durch die auftretende Grünfärbung nachweisbar.) Da Phenylbrenztraubensäure ein Keton ist, das nun im Urin auftritt, spricht man von Phenylketonurie.

Zu 2.

Eltern:	**A a**	×	**A a**	(beide heterozygot, da phänotypisch gesund)
Gameten:	**A, a**		**A, a**	
Kinder:	**AA**	**Aa**	**Aa**	**aa**

Die Wahrscheinlichkeit für ein phenylketonuriekrankes Kind ist 0,25 (25 % oder 1 : 3), entsprechend der 2. Mendelschen Regel. Diese Wahrscheinlichkeit ist für jedes weitere Kind gleich, unabhängig davon, ob bereits ein krankes Kind geboren wurde oder nicht. Der Zufall hat kein Gedächtnis!

Zu 3.

Phenylketonurie ist nicht heilbar. Die schweren Hirnschädigungen können jedoch bei rechtzeitiger Behandlung vermieden werden. Man führt daher bei jedem Neugeborenen den Guthrie-Test durch, bei dem der Phenylalaninhydrolase-Gehalt im Blut bestimmt wird. Ist der Test positiv, wird eine **phenylalaninarme Diät** verordnet. Hält der Patient diese Diät bis zum ca. 12. Lebensjahr ein, so entwickeln sich seine geistigen Fähigkeiten ganz normal, und die Diät kann wieder reduziert werden. Tyrosin, die Grundlage für die Hautpigmentierung, muss jedoch stets medikamentös zugeführt werden.
Handelt es sich bei dem Patienten um eine Frau, so muss bei einer späteren Schwangerschaft die phenylalaninarme Diät wieder aufgenommen werden, sonst entstehen durch die erwähnten Phenylketone beim Embryo schwere Hirnschäden.

Aufgabe 15

Erbkrankheiten können heute in zunehmendem Maß vorgeburtlich nachgewiesen werden.

Beschreiben Sie eine Möglichkeit der pränatalen Diagnose!

Möglichkeiten der pränatalen Diagnose, z. B.:
Bei der **Amniozentese** wird etwa in der 14. bis 16. Schwangerschaftswoche mit einer Spritze durch die Bauchdecke hindurch etwas Fruchtwasser aus der Fruchtblase entnommen. Die darin enthaltenen Zellen des Fetus werden in Zellkulturen vermehrt. Daraus können Chromosomenpräparate der Metaphasechromosomen hergestellt und analysiert werden.
Chorionzottenbiopsie: Entnahme von Zellen aus dem ersten embryonalen Ernährungsgewebe (Chorionzotten). Sie enthalten Mitosestadien und können direkt für eine Chromosomenanalyse präpariert werden.
Nabelschnurpunktion: Entnahme von kindlichem Blut aus der Nabelschnur z. B. für eine anschließende Chromosomenanalyse.
Chromosomenanalyse: Aus den Metaphasechromosomen der in Zellkulturen vermehrten Zellen wird ein Karyogramm hergestellt. Aus diesem erkennt man

- strukturelle Chromosomenaberrationen, z. B. Katzenschreisyndrom durch Deletion am kurzen Arm des Chromosoms 5,
- autosomal numerische Chromosomenaberrationen, z. B. Trisomie 21,
- gonosomal numerische Chromosomenaberrationen, z. B. Turnersyndrom, Klinefeltersyndrom,
- die pränatale Geschlechtsbestimmung kann für Kinder von Überträgerinnen X-chromosomal-rezessiver Erbleiden von Bedeutung sein (50 % der Söhne sind betroffen).

Biochemische Untersuchungen werden sowohl direkt mit dem Fruchtwasser als auch mit den Zellkulturen der fetalen Zellen (s. o.) durchgeführt. Dadurch können Stoffwechselkrankheiten schon während der Schwangerschaft festgestellt werden. Die Behandlung kann schon im Mutterleib während der Embryonalentwicklung oder unmittelbar nach der Geburt beginnen.

Molekulargenetik

Aufgabe 16

Der Schweizer Biochemiker Miescher wies im Jahr 1869 nach, dass die Zellkerne von Leukocyten Eiweißstoffe und phosphorhaltige Säuren enthielten, die später den Namen Nukleinsäuren bekamen.

1. *Legen Sie unter Mitverwendung von Schemazeichnungen das vereinfachte Bauprinzip eines biologisch funktionsfähigen Proteins dar!*

2. *Zunächst wurden sowohl die Nukleinsäuren als auch die Proteine als Träger der Erbinformation in Erwägung gezogen.*
   Zeigen Sie unter Bezug auf die jeweiligen Baueigenschaften, dass sich beide Stoffe grundsätzlich zur Informationsspeicherung eignen!
   Legen Sie eine notwendige Fähigkeit der Erbsubstanz dar, welche nur die Nukleinsäuren besitzen!

3. *Erläutern Sie in kurzen Zügen das grundlegende Experiment, mit dem Avery im Jahre 1944 die Nukleinsäuren als Träger der genetischen Information identifizieren konnte!*

Zu 1.

Proteine bestehen aus **Ketten von Aminosäuren**, die durch Peptidbindungen miteinander verknüpft sind (s. Abb. 19):

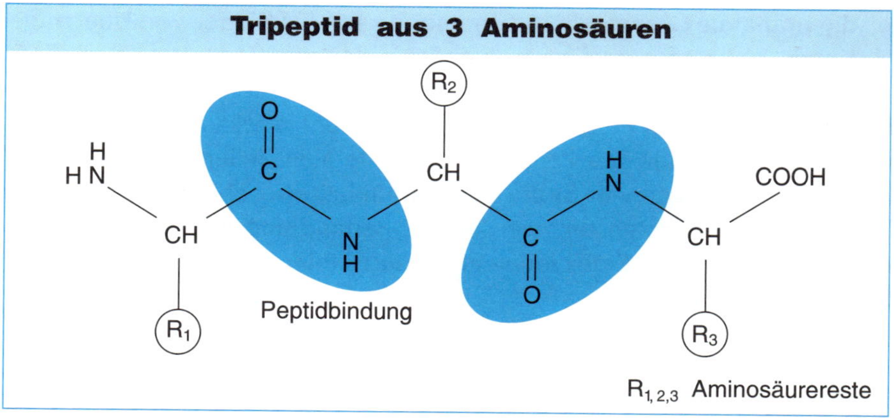

Abb. 19

Da es nur **20 verschiedene Aminosäuren** gibt, in einem Protein jedoch bis zu einigen Hundert verknüpft sein können, ist das Kennzeichnende eines Proteins die Anzahl, die Art und die Reihenfolge der Aminosäuren. Die Aufeinanderfolge der einzelnen Aminosäuren bezeichnet man als Aminosäurensequenz oder **Primärstruktur** eines Proteins.
Bestimmte Abschnitte einer Proteinkette können sich in typischer Weise anordnen, z. B. als Wendel in einer α-Helix oder im Zickzack der Faltblattstruktur. Diese Anordnung nennt man **Sekundärstruktur**.
Die ganze Proteinkette wird schließlich dreidimensional z. B. zu einer Kugelstruktur zusammengefaltet: **Tertiärstruktur**.

Zu 2.

Eine wichtige Eigenschaft der Erbsubstanz ist die **Speicherung und Codierung von Information**. Der hier vorliegende Text z. B. codiert eine bestimmte Information in der Abfolge von Buchstaben, die auf den Seiten des Buches gespeichert sind.
Sowohl Proteine als auch Nukleinsäuren würden diese Anforderung erfüllen. Bei den einen ist die Information in der Aminosäurensequenz codiert, bei den anderen in den unterschiedlichen Basen der aufeinanderfolgenden Nukleotide (**Basensequenz**). Beide sind Bestandteile der Chromosomen, damit könnte in beiden die Erbinformation im Zellkern gespeichert sein.
Die Erbinformation muss jedoch noch zwei andere wichtige Eigenschaften erfüllen:
Sie muss die Information unverändert bei jeder Zellteilung weitergeben (**Fähigkeit zur identischen Replikation**) und die Information aus dem Zellkern in das Zellplasma herausgeben können, damit dort die verschiedenen Proteine gebildet werden (Steuerung der Proteinbiosynthese). Diese Fähigkeit besitzen nur die Nukleinsäuren.

Zu 3.

Avery benutzte 1944 zur Entscheidung der Frage, welche Substanz in den Chromosomen die Erbsubstanz ist, ein schon seit den zwanziger Jahren bekanntes Experiment mit Bakterien: Von Pneumokokken (Erreger der Lungenentzündung) kannte man zwei verschiedene Stämme, einen kapselbildenden, krankheitserregenden und einen kapsellosen, harmlosen Stamm. Brachte man nun abgetötete kapselbildende mit lebenden kapsellosen Bakterien zusammen, so bildeten sich in der Kultur lebende kapselbildende. Auch ein zellfreier Extrakt aus abgetöteten Bakterien hatte diese „transformierende“ Wirkung.

Avery wählte dieses Experiment, um herauszufinden, welche Substanz der wirksame Bestandteil des Extrakts und damit der molekulare Träger der Erbinformation sei. Er konnte zeigen, dass **nur die DNS** und nicht die Proteine die **Fähigkeit zur Transformation** besitzen. Zerstörte er die Proteine mit eiweißspaltenden Enzymen, so änderte sich nichts, behandelte er aber den Extrakt mit DNase, einem nukleinsäurespaltenden Enzym, so ging die transformierende Wirkung verloren. Schließlich konnte er die reine DNS aus dem Extrakt isolieren und zeigen, dass sie allein die Umwandlung von kapsellosen in kapselbildende Bakterien bewirkte, also die entsprechende Erbinformation enthielt.

Aufgabe 17

Legen Sie unter Mitverwendung von Schemazeichnungen Gemeinsamkeiten und Unterschiede im Bau von DNS und RNS dar!

Gemeinsamkeiten:
Beide Moleküle weisen **eine durchgehende Kette aus Zucker und Phosphat** auf. Beide Bausteine wechseln sich regelmäßig ab. Jedes Zuckermolekül ist jeweils mit einer von **vier organischen Basen** verknüpft. DNS und RNS sind **Polynukleotide**, d. h. Ketten von Nukleotiden, die jeweils aus einem Zucker, einem Phosphorsäure- und einem Basenmolekül bestehen.

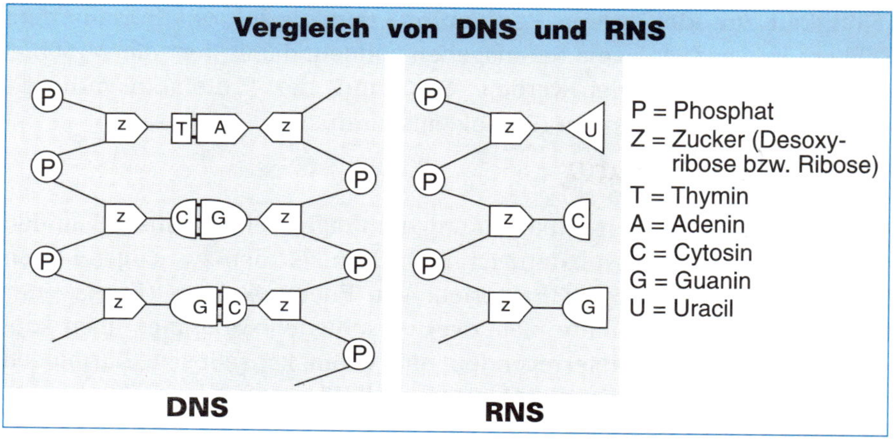

Abb. 20

Unterschiede:
DNS enthält als Zucker **Desoxyribose**, RNS **Ribose**. DNS ist wesentlich länger, besteht aus zwei Ketten, die zu einer **Doppelhelix** gewendelt und über die Basen durch Wasserstoffbrücken miteinander verbunden sind. RNS ist in der Regel **einsträngig**. Von den vier Basen Adenin, Guanin, Cytosin und Thymin sind nur die ersten drei bei beiden gemeinsam, das Thymin in der DNS ist bei der RNS durch **Uracil** ersetzt (s. Abb. 20).

TIPP Benützen Sie die im Unterricht verwendeten Symbole für die Bausteine der Erbsubstanz!

Aufgabe 18

Mitose und Interphase stellen Abschnitte des Zellzyklus dar.

Beschreiben Sie den grundlegenden Vorgang in der Interphase, der gewährleistet, dass die Erbsubstanz vor einer Mitose verdoppelt wird! Veranschaulichen Sie Ihre Ausführungen mit schematischen Zeichnungen!

In der Interphase der Mitose erfolgt die Verdoppelung der DNS (**identische Replikation**). Auf diese Weise kann die genetische Information unverändert von Zelle zu Zelle und auch von Generation zu Generation weitergegeben werden.
Die Replikation beginnt damit, dass die Wasserstoffbrücken zwischen den Basenpaaren in der DNS mit Hilfe von Enzymen geöffnet werden. Die Doppelhelix reißt an vielen Stellen gleichzeitig auf. Die dadurch freigelegten Einzelstränge werden durch Anlagerung komplementärer Nukleotide (**komplementäre Basenpaarung**) wieder zu Doppelsträngen ergänzt. Diese nunmehr verdoppelten Bereiche vereinigen sich zu langen Polynukleotidsträngen. So entstehen zwei neue Doppelhelices, von denen jede aus einem alten und einem neu gebildeten Einzelstrang besteht. Man spricht deshalb vom Mechanismus der **semikonservativen Replikation** (s. Abb. 21, S. 42). So wird in der Interphase aus einem Einchromatid-Chromosom ein Zweichromatid-Chromosom, das dann in der Prophase der Mitose sichtbar wird.

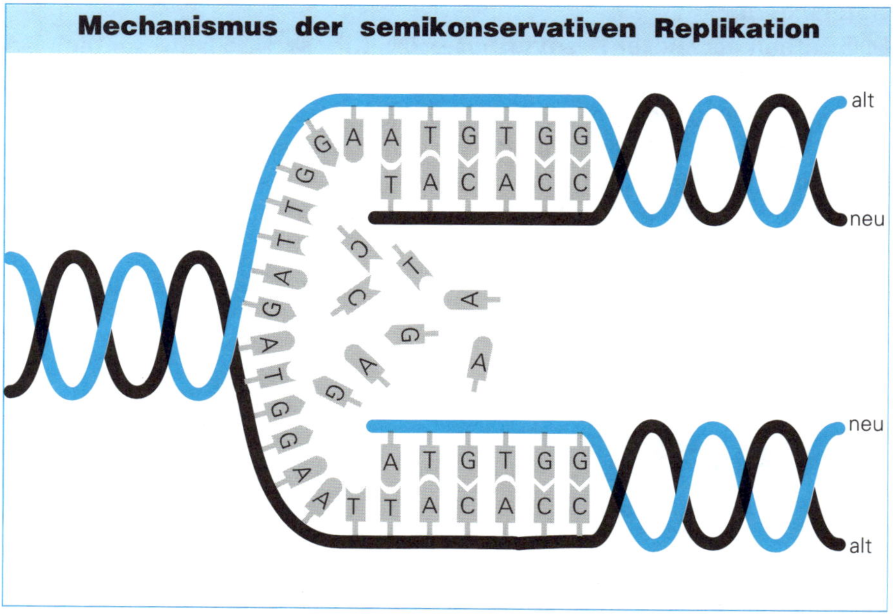

Abb. 21

Aufgabe 19

Meselson und Stahl konnten 1958 experimentell zeigen, nach welchem Prinzip die Verdoppelung der Desoxyribonukleinsäure bei der Zellteilung erfolgt.

1. *Schildern Sie diesen historischen Versuch!*
2. *Erklären Sie unter Mitverwendung einer geeigneten schematischen Skizze das Ergebnis dieses Versuchs!*

Zu 1.

Als 1953 **Watson** und **Crick** die **Doppelhelixstruktur** für die DNS vorschlugen, boten sie damit auch gleich einen möglichen Mechanismus für die Replikation der DNS an. Wenn nur jeweils zwei Basen miteinander gepaart sind (Adenin mit Thymin und Cytosin mit Guanin), braucht sich die DNS bei der Replikation nur in die beiden Einzelstränge zu trennen und zu jedem den komplementären Strang dazu synthetisieren. Diese Art von Replikation nannte man **semikonservativ**, da jeweils ein Strang der Doppelhelix erhalten bliebe.

1958 konnten **Meselson** und **Stahl** diesen Mechanismus beweisen. Sie züchteten Colibakterien in einem Kulturmedium mit dem schweren Stickstoffisotop ^{15}N. Die Bakterien bauten dieses Isotop in ihre DNS ein. Lässt man sie längere Zeit in diesem Medium, so enthält die DNS als Stickstoff praktisch nur ^{15}N. Die DNS dieser Bakterien ist daher schwerer als die von normalen Bakterien, die normalen ^{14}N enthalten. Die Unterschiede in der Masse lassen sich mit Hilfe einer Ultrazentrifuge feststellen, bei der sich die DNS in einem **Dichtegradienten** als bestimmte Bande bei einer bestimmten Dichte ansammelt. Brachte man nun die Bakterien, die ^{15}N eingebaut hatten, in ein Medium mit dem leichten ^{14}N, so konnte man nach einem Teilungsschritt eine „halbschwere" DNS isolieren. Damit musste die neugebildete DNS je zur Hälfte aus einem alten, „schweren" und einem neuen, „leichten" Strang bestehen.

Nach zwei Teilungen fanden sich erwartungsgemäß eine leichte und eine halbschwere Bande (s. Abb. 22).

Zu 2. Dichtegradienten zentrifugation

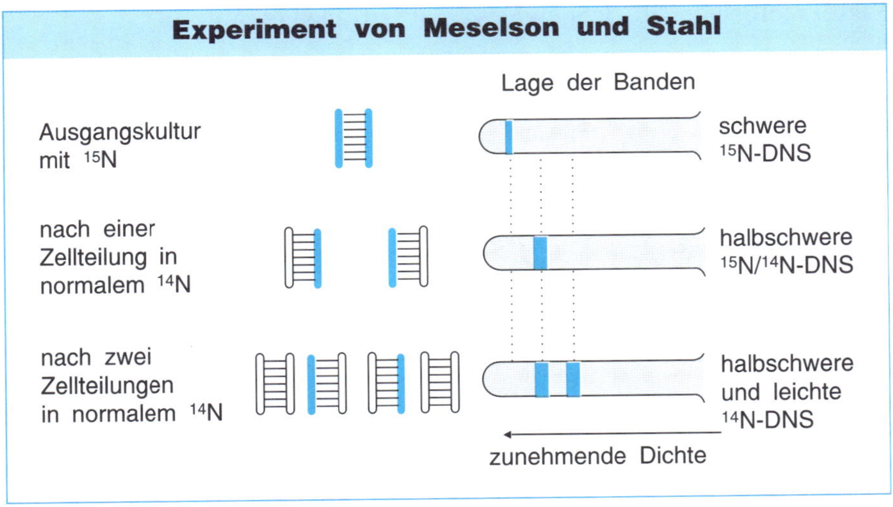

Abb. 22

Aufgabe 20

Genübertragung und Genaustausch als Grundvoraussetzungen für Evolutionsvorgänge sind nicht nur bei höheren Lebewesen, sondern bereits bei Bakterien zu beobachten.

Beschreiben Sie unter Mitverwendung von Skizzen eine Möglichkeit, wie Bakterien genetische Informationen untereinander austauschen können!

Gentransfer zwischen Bakterien:

1. Konjugation

Bei der Konjugation nimmt ein Bakterium, das einen Fertilitätsfaktor F^+ enthält, über eine dünne Verbindungsröhre (Sexualpilus oder F-Pilus) mit einem anderen Bakterium ohne diesen Faktor (F^-) Kontakt auf. Vom Spenderbakterium (F^+) wandert eine Kopie des F^+-Faktors über die Plasmabrücke in die Empfängerzelle, die dadurch ebenfalls F^+ wird.
Der F^+-Faktor kann auch in der Bakterien-DNS eingebaut sein, dann wird eine Kopie der gesamten Spender-Bakterien-DNS oder eine Kopie des F^+-Faktors mit einem Stück Spender-DNS übertragen (s. Abb. 23).

Genübertragung durch Konjugation

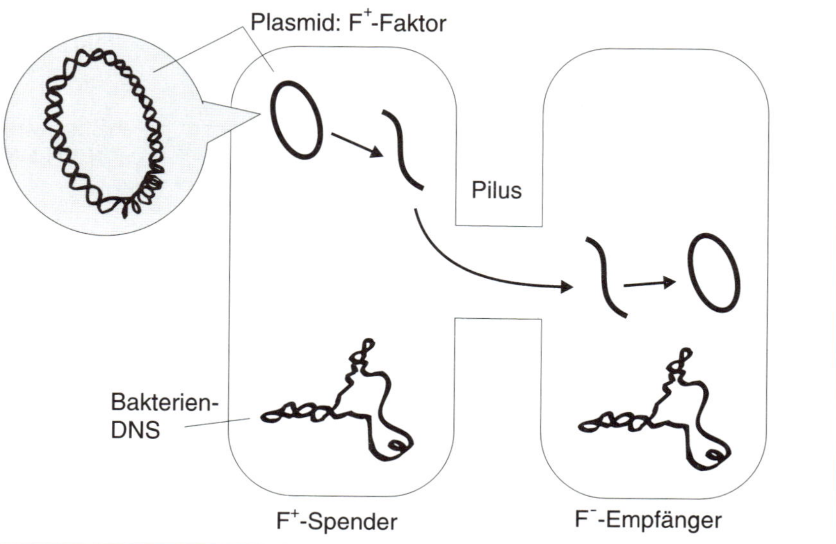

Abb. 23

2. Transformation

Die Übertragung genetischer Information durch Aufnahme reiner DNS nennt man Transformation. Es erfolgt eine Paarung der aufgenommenen Spender-DNS mit dem homologen Chromosomenabschnitt der Empfänger-DNS während der Verdoppelung bei der Zellteilung. Die Spender-DNS wird durch Rekombination vom Typ des Crossing-over in das Bakteriengenom eingebaut (s. Abb. 24).

Genübertragung durch Transformation

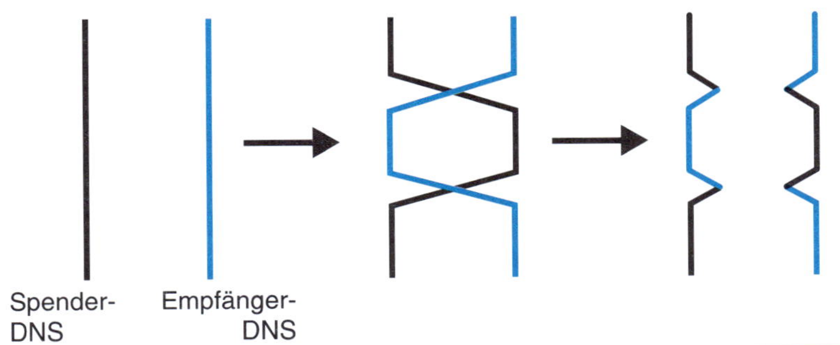

Abb. 24

3. Transduktion (vgl. Skizze bei Aufgabe 22)

Bei der Transduktion erfolgt der Gentransfer durch Viren. Wenn ein Prophage nach einer lysogenen Vermehrung aus der Bakterien-DNS austritt, kann er benachbarte DNS-Abschnitte des Bakteriums mitnehmen. Während des anschließenden lytischen Vermehrungszyklus wird die Phagen-DNS mitsamt der anhängenden Bakterien-DNS in den Phagenkopf eingebaut. Bei der Infektion der nächsten Bakterienzelle kann die fremde Bakterien-DNS dann mit der Wirts-DNS rekombinieren.

Aufgabe 21

Erläutern Sie die einzelnen Schritte des lytischen Vermehrungszyklus von Phagen!

Bakteriophagen sind spezielle **Viren, die nur Bakterien befallen**. Sie bestehen aus einer Proteinhülle, in die ein DNS-Faden eingeschlossen ist. Die Proteinhülle ist meist in Kopf- und Schwanzteil gegliedert, häufig ist dabei das Schwanzteil noch mit besonderen Strukturen versehen.
Beim **lytischen Vermehrungszyklus** unterscheidet man folgenden Stadien:

Adsorption: Anheftung des Phagen an die Oberfläche des Bakteriums. Dabei sind bestimmte Anheftungsmoleküle erforderlich; fehlen diese, kann der Phage nicht adsorbiert werden.

Injektion: Die Phagen-DNS wird durch den Schwanzstift in das Bakterium hineingeschossen.

Latenzphase: Der Stoffwechsel der Bakterienzelle wird völlig umgestellt. Das Bakterienchromosom wird aufgelöst, die Phagen-DNS wird vielfach repliziert, schließlich werden die Hüllproteine synthetisiert.

Reifung: Aus den einzelnen Bestandteilen setzen sich die fertigen Phagen selbständig zusammen.

Lyse: Es wird das Enzym Lysozym gebildet, das die Bakterienzellwand auflöst. Dabei werden einige Hundert neue Phagen freigesetzt.

Der ganze Vorgang von der Injektion bis zur Lyse dauert ungefähr 20 bis 30 Minuten. Da bei dieser Art von Infektion das Bakterium aufgelöst wird, bezeichnet man sie als lytische Vermehrung.

Anmerkung:

Daneben gibt es noch die Möglichkeit, dass die Phagen-DNS in das Bakterienchromosom eingebaut wird. Sie wird dann über viele Teilungsschritte vom Bakterium mitrepliziert. Diesen Vorgang nennt man **Lysogenie**, da unter ungünstigen Umständen die Phagen-DNS wieder freigesetzt wird und eine lytische Vermehrung einsetzt. Phagen, die zur Lysogenie fähig sind, bezeichnet man als **temperente Phagen**. Im eingebauten Zustand werden sie **Prophagen** genannt.

Aufgabe 22

Die Zweifachmutante p^rL^- (penicillinresistent, leucinbedürftig) von Escherichia coli wird mit einem geeigneten Phagenstamm zusammengebracht. Die Phagen vermehren sich. Nach dem Abtöten der Bakterien mit Chloroform werden die Phagen abgetrennt. Bringt man nun die Phagen mit einem Wildbakterienstamm zusammen, der penicillinsensibel ist und Leucin herstellen kann, so erhält man Rekombinanten zwischen Mutante und Wildtyp.

1. *Nennen Sie den Fachbegriff für die Übertragung von Bakteriengenen durch Phagen!*
   Beschreiben Sie unter Verwendung von Skizzen den Übertragungsvorgang eines Gens einschließlich der Bildung einer Rekombinante!

2. *Nennen Sie alle möglichen Genotypen von Rekombinanten unter Bezug auf die oben genannten Angaben!*

3. *Beschreiben Sie einen experimentellen Weg, der es gestattet, eine der möglichen neuen Rekombinanten zu isolieren und zu identifizieren!*

Zu 1.

Diesen Vorgang bezeichnet man als **Transduktion**. Bei den Phagen handelt es sich um **temperente Phagen** (vgl. vorhergehende Aufgabe, Anmerkung). Sie lassen sich in das Bakterienchromosom der Zweifachmutante einbauen. Durch Behandlung mit UV-Licht kann man den Übergang in den **lytischen Zustand** aktivieren, daraufhin werden die Prophagen aus dem Bakterienchromosom freigesetzt und vermehrt. Beim Einbau der Phagen-DNS in die Phagenköpfe wird manchmal ein Stück Bakterienchromosom mitgenommen, z. B. das defekte Gen für die Leucinsynthese oder die Information für Penicillinresistenz. Infiziert man jetzt Bakterien des Wildstammes mit diesen Phagen, so können diese Gene in einer Art von Crossing-over in das Chromosom des Empfängers eingebaut werden. Dadurch entstehen die **Rekombinanten** (s. Abb. 25).

Zu 2.

Zweifachmutante:	p^rL^-	(penicillinresistent, leucinbedürftig)
Wildtyp:	p^sL^+	(penicillinsensibel, leucinsynthetisierend)
Rekombinante 1:	p^sL^-	(penicillinsensibel, leucinbedürftig)
Rekombinante 2:	p^rL^+	(penicillinresistent, leucinsynthetisierend)

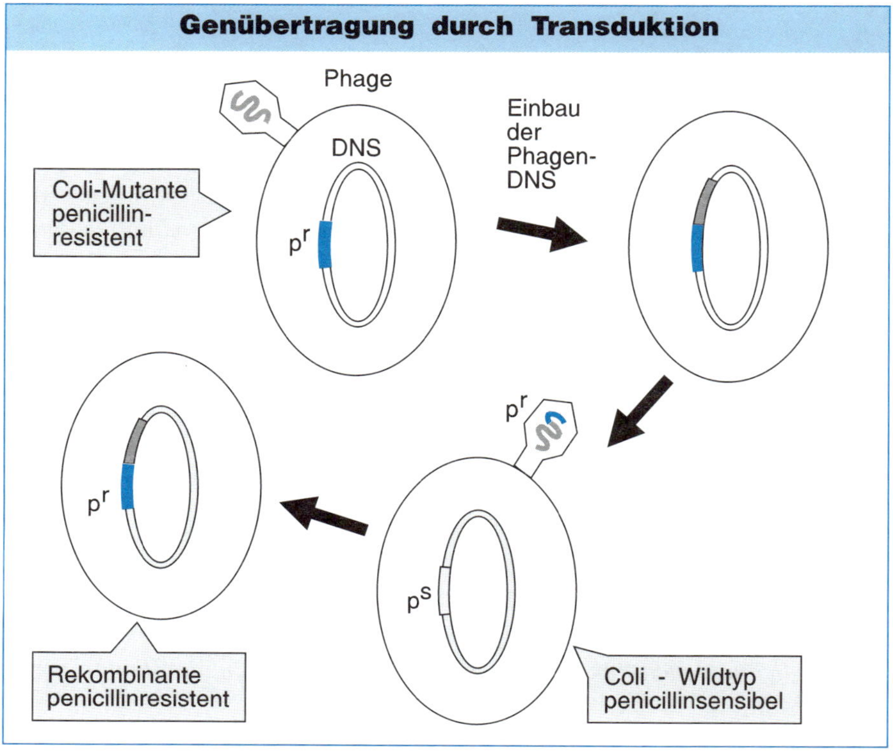

Abb. 25

Zu 3.

Die Bakterien werden in so starker Verdünnung auf einem Nährboden in einer Petrischale ausgebracht, dass jedes Bakterium einzeln liegt. Wenn alle zu Kolonien herangewachsen sind, kann man mit einem **Samtstempel** das Kolonienmuster auf einen neuen Nährboden übertragen. Enthält dieser neue Nährboden jetzt z. B. Penicillin, so können nur diejenigen Bakterien wieder heranwachsen, die penicillinresistent sind (Rekombinante 2). Umgekehrt können auf einem Nährboden ohne Leucin die leucinbedürftigen Bakterien (Rekombinante 1) nicht heranwachsen. Durch Vergleich der Kolonien auf der Ausgangsplatte mit den neuen Kolonien lassen sich die einzelnen Rekombinanten identifizieren.

Aufgabe 23

Nukleinsäuren sind die Träger genetischer Information. Ein Ausschnitt aus der Nukleotidkette eines DNS-Stranges hat folgende Basensequenz:

	1	*2*	*3*	*4*	*5*	*6*	*7*	*8*	*9*	*10*	*11*	*12*
...	*A*	*T*	*A*	*T*	*C*	*C*	*A*	*G*	*C*	*T*	*C*	*G ...*

1. *Die vollständige DNS enthält – nur auf die Basen bezogen – 35 % Thymin. Geben Sie den prozentualen Anteil der anderen drei Basen dieser Nukleinsäure an und begründen Sie Ihre Angaben!*

2. *Übersetzen Sie mit Hilfe der „Code-Sonne" (Abb. von innen nach außen zu lesen) die Basensequenz des oben dargestellten DNS-Stückes unter Angabe des Zwischenprodukts in die Aminosäuresequenz des entsprechenden Peptids!*

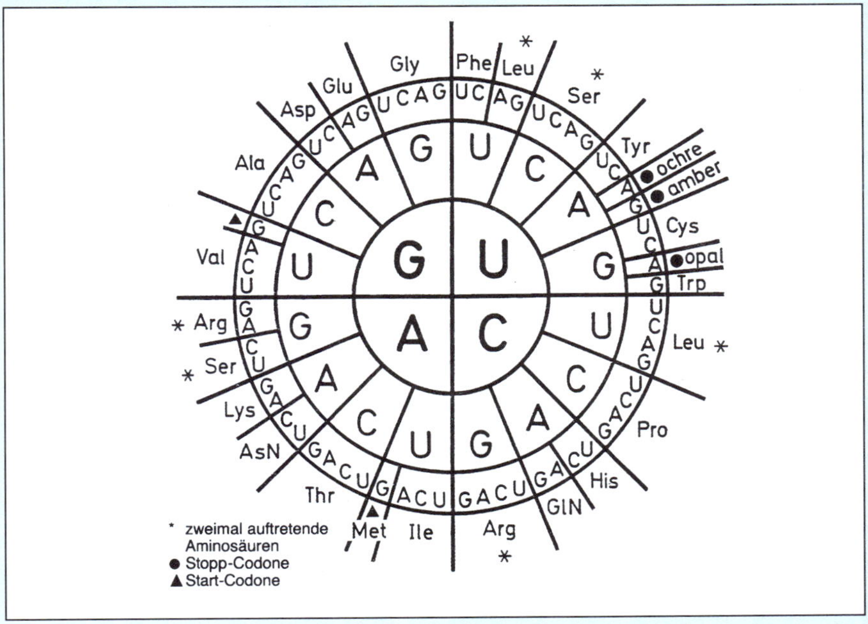

3. *Durch radioaktive Strahlung wird das 2. Nukleotid, das die Base Thymin enthält, herausgebrochen.*
Geben Sie die Aminosäuresequenz des Peptids an, das bei erneuter Proteinsynthese entsteht!

4. *Beschreiben Sie unter Mitverwendung einfacher Skizzen in Grundzügen die Proteinbiosynthese!*

Zu 1.

In der DNS ist Thymin stets mit Adenin gepaart. Der Anteil an Nukleotiden mit Adenin muss daher auch 35 % betragen. Für die Cytosin- und Guanin-Nukleotide, die ebenfalls immer miteinander gepaart sind und deshalb in gleicher Anzahl vorkommen müssen, bleiben also noch je 15 %.

gepaart → gleiche Anzahl

Zu 2.

Das angegebene Stück stellt einen Ausschnitt aus dem „Sinn"-Strang der DNS dar. Von diesem **codogenen Strang** wird mit Hilfe des Enzyms RNS-Polymerase eine RNS-Kopie abgeschrieben. Diesen Vorgang nennt man **Transkription**. Die RNS trägt die Information über die Aminosäuresequenz zu den Ribosomen und wird daher als **messenger-RNS** oder m-RNS bezeichnet.

Nukleotidsequenz der m-RNS: ... **UAUAGGUCGAGC** ...

Unterteilt man dieses Stück zur besseren Lesbarkeit in Tripletts, so lautet die Sequenz: ... **UAU AGG UCG AGC** ...

An den Ribosomen wird entsprechend dem genetischen Code folgende Aminosäuresequenz gebildet: – **Tyr** – **Arg** – **Ser** – **Ser** –

(Wenn nichts anderes angegeben ist, wird immer von links nach rechts in Dreierschritten gelesen.)

Zu 3.

codogener DNS-Strang:	... **AAT CCA GCT CG□** ...
m-RNS:	... **UUA GGU CGA GC□** ...
Aminosäuresequenz:	– **Leu** – **Gly** – **Arg** – **Ala** –

Obwohl vom 4. Codon nur die ersten beiden Nukleotide angegeben sind, muss es für die Aminosäure Alanin stehen, denn das Ala-Codon kann an dritter Stelle jedes der vier möglichen Nukleotide tragen. Man nennt daher den genetischen Code einen **degenerierten Code**, d. h., für eine Aminosäure existieren mehrere m-RNS-Tripletts.

Zu 4.

Die **Proteinbiosynthese** setzt sich aus zwei Abschnitten zusammen: der **Transkription** des codogenen DNS-Stranges in einsträngige RNS und der **Translation** der Nukleotidsequenz in eine Aminosäuresequenz an den Ribosomen. Zur Transkription bindet sich die RNS-Polymerase an eine bestimmte Stelle der DNS, den Promoter. Dieser legt fest, in welcher Richtung die RNS-Synthese beginnen soll und welcher DNS-Strang abgelesen wird. Dann wird zunächst die DNS-Doppelhelix aufgewunden und am codogenen Strang werden komplementäre RNS-Nukleotide angelagert und miteinander verknüpft. Dieser Vorgang wird so lange wiederholt, bis die Polymerase auf ein Stopp-Signal trifft. Daraufhin wird sie von der DNS abgelöst und die m-RNS freigesetzt (s. Abb. 26).

Transkription bei der Proteinbiosynthese

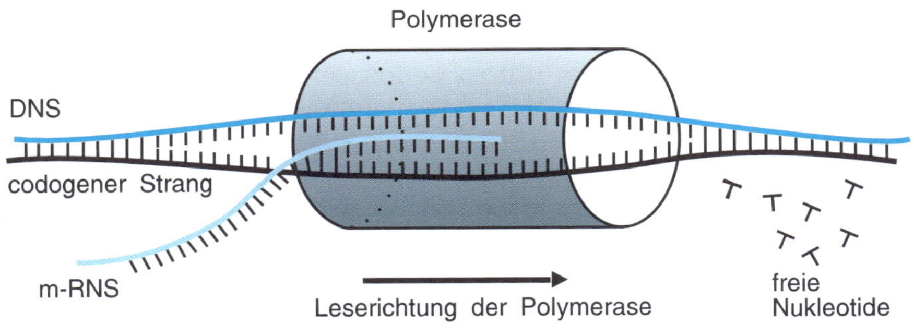

Abb. 26

(So ist es zumindest bei Bakterien, also Prokaryoten. Bei Eukaryoten, also allen Organismen mit Zellkern, ist die m-RNS-Bildung etwas komplizierter. Deren DNS enthält viele Bereiche, die für das künftige Protein keine Bedeutung haben. Wenn der komplementäre RNS-Strang abgeschrieben ist, müssen diese Intron-Bereiche herausgeschnitten werden. Nur die verbleibenden Bereiche ergeben die m-RNS.)

Wie wird nun die Verbindung zwischen Basensequenz und Aminosäuresequenz hergestellt?

Im Cytoplasma existieren kurzkettige RNS-Moleküle aus etwa 80 Nukleotiden, die an einem Ende eine Aminosäure anheften können. Für jede Aminosäure gibt es eine derartige **Transport-RNS** (Transfer-RNS oder t-RNS). Die Ankoppelung erfolgt mit Hilfe spezieller Enzyme; für den Vorgang ist Energie (ATP) erforderlich, da die Aminosäuren erst aktiviert werden müssen.

Jede t-RNS besitzt an einer freien Schleife ein Triplett aus ungepaarten Basen (**Anticodon**), das komplementär zum **Codon** für die betreffende Aminosäure ist. In unserem Beispiel würde also die Serin-spezifische t-RNS das Anticodon AGA besitzen.

Die genetische Information wird mit der m-RNS ins Plasma transportiert. **Ribosomen** heften sich an die m-RNS und wandern an ihr entlang. Die Ribosomen besitzen zwei Stellen, an denen sich je eine t-RNS anhängen kann.

Zunächst werden zwei aminosäurebeladene t-RNS-Moleküle angelagert, deren Anticodonen zu den ersten zwei Codonen der m-RNS passen. Katalysiert durch das Ribosom, wird zwischen den beiden Aminosäuren eine Peptidbindung geschlossen. Die Energie hierfür wird durch die Spaltung von GTP (Guanosintriphosphat) aufgebracht. Daraufhin schiebt sich das Ribosom auf der m-RNS um ein Codon weiter, die erste t-RNS wird frei. Das Dipeptid hängt nun an der zweiten t-RNS, die jetzt auf den freigewordenen Platz rutscht. Dadurch wird eine Anheftungsstelle für eine neue t-RNS frei, die passend zum dritten Codon der m-RNS ausgewählt wird. Die neue Aminosäure wird mit dem Dipeptid verknüpft. Auf diese Weise verlängert sich die Peptidkette immer mehr (s. Abb. 27). Die einzelnen Aminosäuren werden entsprechend der in der m-RNS festgelegten Sequenz aneinandergereiht. Die Tertiärstruktur des Polypeptids ergibt sich aus der Sequenz der Aminosäuren von selbst.

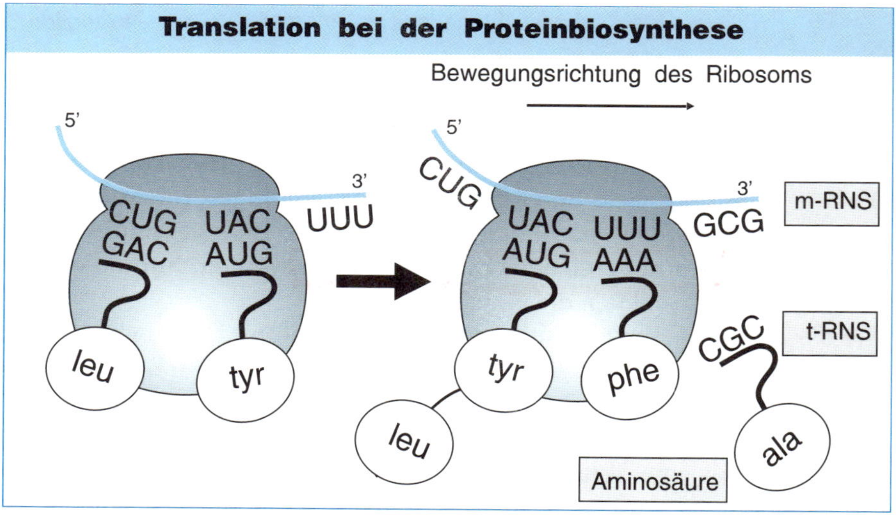

Abb. 27

Meist wandern gleichzeitig mehrere Ribosomen über eine m-RNS. Dadurch können in kurzer Zeit mehrere gleichartige Polypeptidketten gebildet werden, bevor die m-RNS durch Ribonukleasen wieder zerstört wird.

Durch radioaktive Strahlung wird am 3. Nukleotid nach dem Startcodon eines Gens auf der DNS eine Base „herausgebrochen“.

Welche Auswirkung auf die Wirksamkeit des durch dieses Gen codierten Enzyms kann sich daraus ergeben?

Welche Auswirkungen kann der Ersatz der Base im selben Nukleotid durch eine andere Base auf die Wirksamkeit des Enzyms haben? Begründen Sie Ihre Antwort!

Der Verlust eines Nukleotids ist in jedem Fall äußerst schwerwiegend. Da der Code kommafrei abgelesen wird, verschiebt sich durch den Verlust eines Nukleotids von der Ausfallstelle an der gesamte Raster. Alle folgenden Aminosäuren sind verändert.
Sprachliches Beispiel für eine solche **Rasterverschiebung**:
ALS SIE VOR DEM TOR WAR GAB SIE GAS
ALS SIV ORD EMT ORW ARG ABS IEG AS
Durch den Ausfall des E in SIE werden alle folgenden Wörter unsinnig. Eine derartige Mutation führt zu einem völlig veränderten Protein, das keinerlei enzymatische Wirksamkeit mehr besitzt.

Wenn durch den Basentausch eine andere Aminosäure eingebaut wird, sind die Folgen häufig schwerwiegend. Wird z. B. eine Aminosäure mit einer hydrophoben (unpolaren) Seitenkette gegen eine hydrophile (basische oder saure) Aminosäure ausgetauscht, so kann sich die ganze Raumstruktur des Proteins ändern. Wird dabei das aktive Zentrum des Enzyms verändert, dann geht die Fähigkeit zur Substratbindung und damit die katalytische Wirkung verloren.
In seltenen Fällen kann durch den Nukleotidtausch ein Stopp-Codon gebildet werden, das eine Verkürzung der Polypeptidkette bewirkt. Die enzymatische Wirkung hängt von der Länge des Bruchstücks ab.
Nun muss aber nicht jeder Nukleotidaustausch zum Einbau einer anderen Aminosäure führen. Da der Code degeneriert ist (vgl. Aufgabe 23), gibt es zu vielen Aminosäuren mehrere passende Codons. Vor allem bei der dritten Stelle eines Codons ist es häufig unbedeutend, welches Nukleotid vorhanden ist.

Aufgabe 25

Im Jahr 1961 wurde durch Jacob und Monod das Prinzip der Genregulation an Mikroorganismen abgeleitet.
Erläutern Sie unter Mitverwendung einer beschrifteten Skizze die Induktion der Proteinbiosynthese!

Das **Jacob-Monod-Modell** ist eine der wichtigsten Hypothesen über die **Regulation der Genaktivität**. Es ist zumindest für eine Reihe von Enzymsynthesen bei Bakterien nachgewiesen; inwieweit es bei höheren Organismen zutrifft, muss erst noch untersucht werden. Die Steuerung der Genaktivität ist für eine Zelle erforderlich, da sie nicht ständig alle irgendwann einmal benötigten Enzyme herstellen kann.
Nach diesem Modell gibt es drei Gruppen von Genen: **Strukturgene** (S), die die Bildung von Enzymen steuern; **Operatorgene** (O), die den Strukturgenen vorgeschaltet sind und ihre Tätigkeit kontrollieren; **Regulatorgene** (R), die an entfernteren Stellen der DNS liegen und über ein kurzkettiges Protein (Repressor) die Aktivität des Operatorgens regulieren.
Meist sind mehrere Strukturgene mit einem Operatorgen zusammengeschlossen, **Operon** genannt. Das Operon bildet dann alle Enzyme, die für eine bestimmte Reaktionskette erforderlich sind. Am Operatorgen, bzw. an einem ihm zugeordneten DNS-Abschnitt, dem Promotor (P), setzt die RNS-Polymerase an, die zum codogenen DNS-Strang die komplementäre m-RNS bildet. Im Fall des gezeichneten Operons entsteht dabei eine einheitliche m-RNS für alle drei Strukturgene zusammen. Damit werden an den Ribosomen alle drei benötigten Enzyme gleichzeitig hergestellt.
An das Operatorgen bindet sich nur der vom Regulatorgen gebildete **Repressor**, blockiert die m-RNS-Polymerase und somit die Ablesung der Strukturgene (s. Abb. 28). Auf diese Weise werden selten benötigte Gene abgeschaltet. Dieser Vorgang ist sinnvoll, wenn die Strukturgene Enzyme codieren, die zum **Abbau eines Substrats** erforderlich sind, das der Zelle nicht jederzeit zur Verfügung steht (Beispiel: Enzyme für den Lactoseabbau bei Coli-Bakterien). Taucht aber das Substrat auf, so müssen die Strukturgene aktiv werden und die gewünschten Enzyme herstellen. Dazu muss als Erstes der Repressor inaktiviert werden. Dies geschieht durch Anlagerung des Substrats oder von Derivaten des Substrats, wodurch der Repressor sterisch so verändert wird, dass er nicht mehr an das Operatorgen passt. Damit ist der Weg für die m-RNS-Polymerase frei (s. Abb. 29).

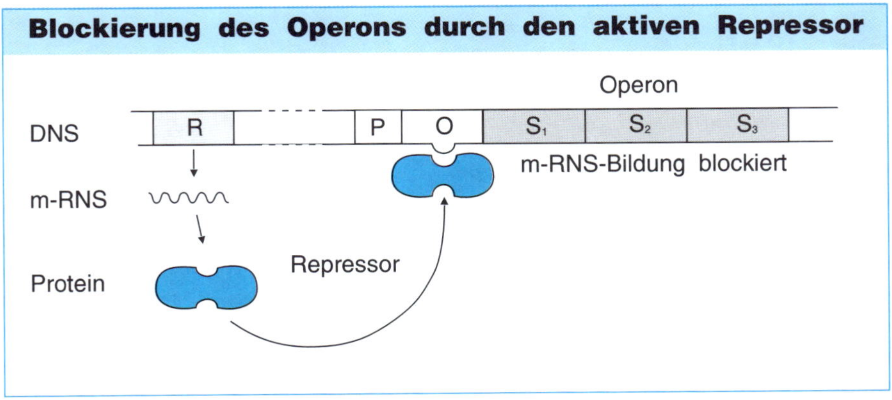

Abb. 28

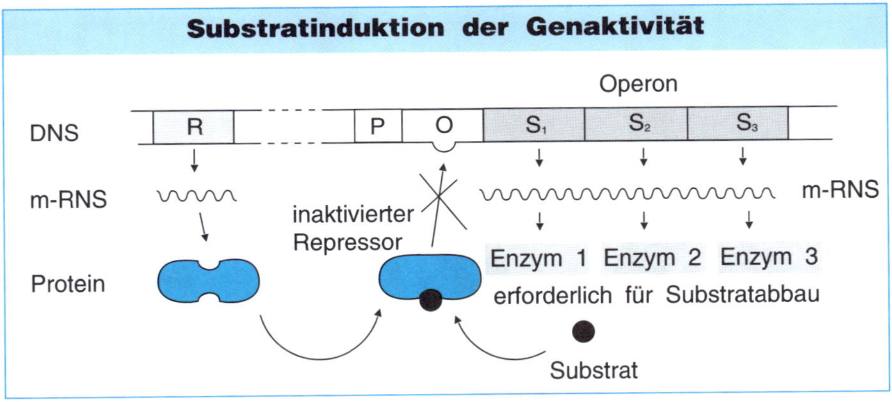

Abb. 29

Die Bindung Repressor – Substrat ist nur kurzfristig. Mit dem vollständigen Abbau des Substrats verschwindet daher die Inaktivierung des Repressors und er kann sich wieder an das Operatorgen anlagern. Die Strukturgene sind damit erneut abgeschaltet.
Da die Tätigkeit der Strukturgene durch die Anwesenheit des Substrats eingeschaltet wird, spricht man von **Substratinduktion der Genaktivität**. Das Substrat selbst wird oft als **Induktor** bezeichnet.

Zusammenfassung:

Induktion der Genaktivität bei Abbaureaktionen: Repressor verschließt normalerweise das Operatorgen, Strukturgene sind inaktiv; bei Anwesenheit des Substrats Blockierung des Repressors, Aktivierung der Strukturgene.

Aufgabe 26

Einer Maus werden erstmals Tetanuserreger injiziert. In den nächsten Tagen kann man die Bildung spezifischer Antikörper nachweisen.

1. *Fertigen Sie eine beschriftete Skizze des Aufbaus eines typischen Antikörpers!*

2. *Legen Sie die wesentlichen immunbiologischen Vorgänge dar, die im Körper der Maus von der Aufnahme der Antigene durch Makrophagen bis zur Synthese von spezifischen Antikörpern ablaufen!*

Zu 1.

Aufbau eines Antikörpers

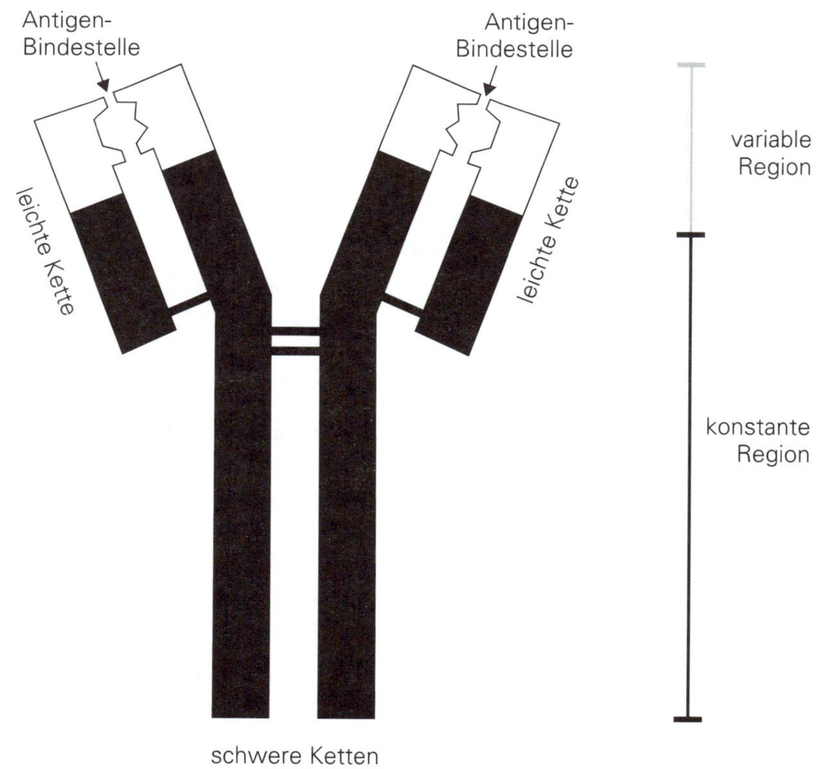

Abb. 30

Zu 2.

Grundlegende immunbiologische Vorgänge:

- Aufnahme und Zerlegung der Antigene (z. B. Viren) durch Makrophagen (Fresszellen).
- Präsentation von Strukturen der zerlegten Antigene auf der Oberfläche der Makrophagen (Darbietung des Epitops, d. h. bestimmter Peptidketten des Antigens auf antigenpräsentierenden MHC-II-Molekülen).
- Eine T-Helferzelle bindet mit spezifischen Rezeptoren (T-Zell-Rezeptoren TCR und CD4-Hilfsrezeptoren) an das präsentierte Antigen.
- Die T-Helferzelle aktiviert durch Ausschüttung von Cytokinen (Botenstoffe) die B-Zellen (B-Lymphozyten).
- Differenzierung, Wachstum und Vermehrung der aktivierten B-Zellen zu Plasmazellen, die spezifische Antikörper gegen das Antigen bilden.
- Diese Antikörper binden die Antigene zum Antigen-Antikörper-Komplex, der letztlich von Makrophagen aufgenommen und zerlegt wird.

Aufgabe 27

Beschreiben Sie unter Mitverwendung beschrifteter Skizzen eine gentechnische Methode zur Erzeugung von künstlich neukombinierter DNS!

Die wesentlichen Schritte zur Erzeugung künstlich neukombinierter DNS sind (s. Abb. 31, S. 58):

1. Spender-DNS = Fremd-DNS (z. B. aus menschlichen Zellen) wird durch ein **Restriktionsenzym** (vgl. Aufgabe 28) in Fragmente zerschnitten, die überstehende, komplementäre Einzelstrangenden (**klebrige Enden** = sticky ends) besitzen.
2. **Plasmide** (kleine ringförmige DNS-Moleküle aus Bakterien) werden durch das gleiche Restriktionsenzym aufgeschnitten. Bei einem erneuten Ringschluss können sie Fragmente fremder DNS als Passagier aufnehmen und dienen so als **Vektor** (Genfähre).
3. Verknüpfung der Fremd-DNS mit dem Vektor zum **Hybridplasmid**:
   Die überstehenden einstrangigen Enden der Fremd-DNS und der aufgeschnittenen Plasmid-DNS (klebrige Enden) paaren sich komplementär unter Ausbildung von Wasserstoffbrücken. Das Enzym Ligase verknüpft die Einzelstrangschnittstellen durch Phosphoresterbindungen (wie z. B. bei der Replikation). Dadurch schließt sich der Plasmidring wieder zum Hybridplasmid (= künstlich rekombinierte DNS).

Erzeugung eines Hybridplasmids

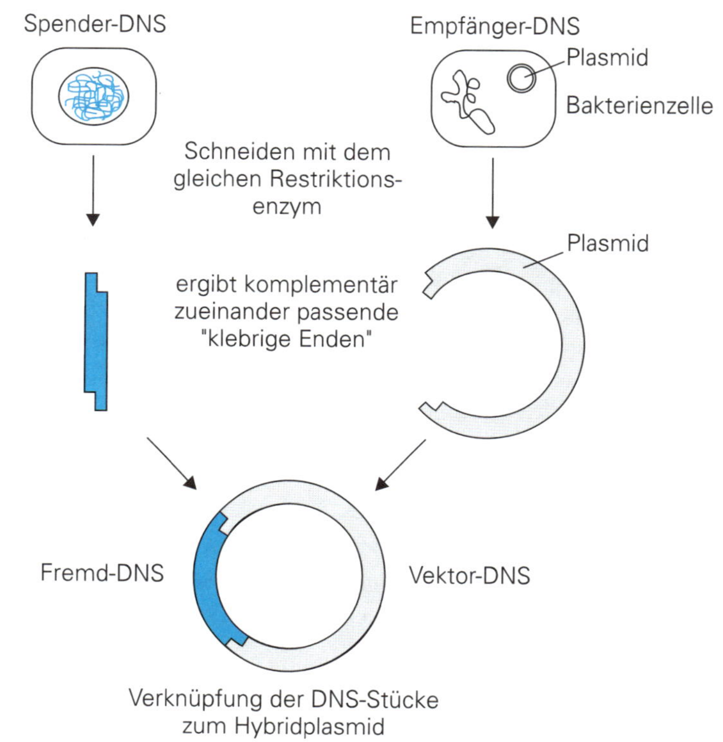

Abb. 31

4. Dieser Vektor wird in Wirtszellen (z. B. Bakterien) eingeschleust. Durch Zellteilung kann dann die künstlich rekombinierte DNS beliebig vermehrt werden.

Aufgabe 28

Plasmide und Restriktionsenzyme sind wichtige „Werkzeuge“ der Gentechnik.

1. *Beschreiben Sie unter Mitverwendung einer beschrifteten Skizze die Funktionen von Restriktionsenzymen!*

2. *Zeigen Sie kurz eine Methode auf, mit der ein Plasmid mit Passagier-DNS in eine Bakterienzelle eingeschleust werden kann!*

3. *In einem Experiment versucht man, Fremd-DNS mittels eines Plasmids, das Resistenzgene für die Antibiotika Tetracyclin und Ampicillin enthält, auf plasmidfreie Bakterien zu übertragen.*
   Als Versuchsergebnis erhält man drei verschiedene Bakterienklone:
   a) Bakterien ohne Plasmid, *b) Bakterien mit Plasmid,*
   c) Bakterien mit einem Hybridplasmid, wobei die Fremd-DNS in das Resistenzgen für Tetracyclin eingebaut wurde.
   Entwickeln Sie eine Vorgehensweise zur Identifizierung der verschiedenen Bakterienklone!

Zu 1.

Restriktionsenzyme sind die „genetischen Scheren“, welche die DNS an bestimmten Nukleotidsequenzen/Basensequenzen von 4 bis 6 Basen zerschneiden (Endonukleasen). Manche Restriktionsenzyme schneiden die DNS glatt, in der Regel jedoch wird der DNS-Doppelstrang so geschnitten, dass überstehende, einsträngige, komplementäre Enden (klebrige Enden = sticky ends) entstehen.

Das Restriktionsenzym EcoRI (aus Escherichia coli) erkennt das nachstehende Basenpaar-Palindrom und schneidet in beiden Strängen jeweils zwischen Guanin und Adenin (s. Abb. 32).

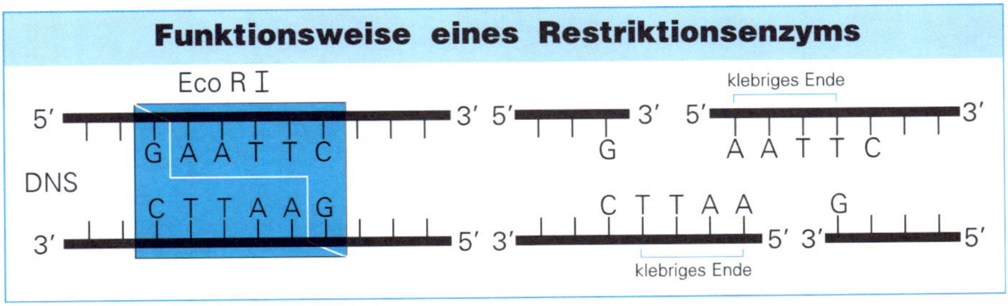

Abb. 32

Ein Basenpaar-Palindrom ist eine punktsymmetrische Basenfolge. Die Sequenz des einen Stranges, von links nach rechts gelesen, stimmt mit der Sequenz des anderen Stranges, von rechts nach links gelesen, überein.

Zu 2.

Einschleusen eines Plasmids mit Passagier-DNS in eine Bakterienzelle z. B. durch **Transformation**:

Durch geeignete Behandlung z. B. mit Kalzium-Ionen oder mit einem Detergens (Spülmittel), durch Temperaturänderung (Kältebehandlung) oder durch kurze elektrische Impulse werden die Membranen der Empfängerzellen (z. B. Bakterien ohne Plasmide) für die Hybridplasmide durchlässig („kompetent") gemacht. Es entstehen durch diese Manipulation Bakterien ohne Plasmid, Bakterien mit Plasmid und Bakterien mit einem Hybridplasmid. Es müssen nun die Bakterien herausgefunden werden (Selektion), die das Hybridplasmid aufgenommen haben.

Zu 3.

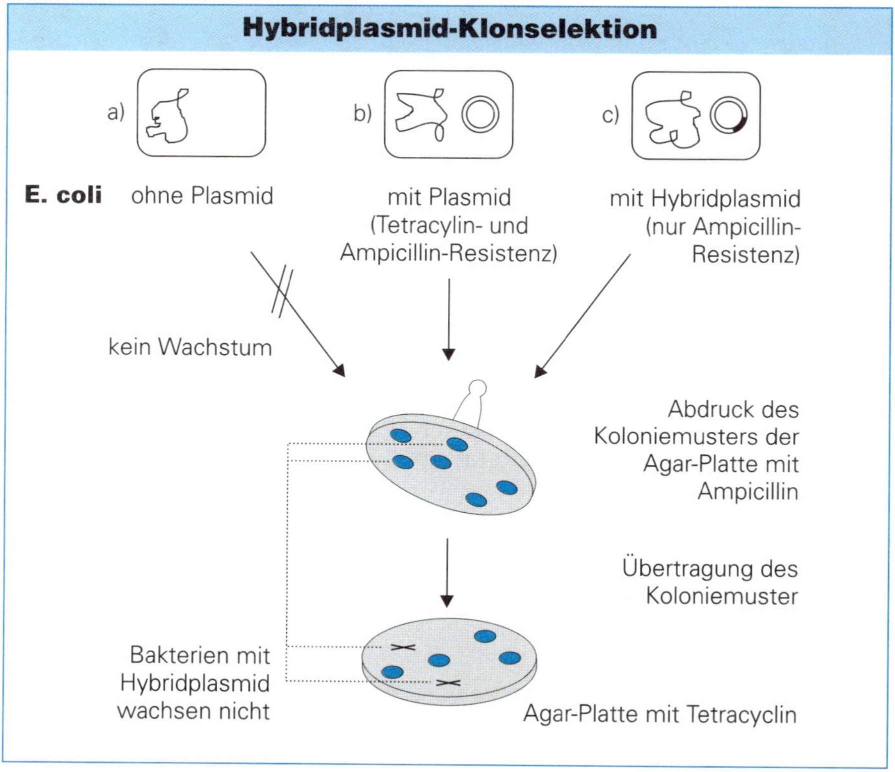

Abb. 33

Klonierung der rekombinierten DNS und **Hybridplasmid-Klonselektion**: Die Bakterien werden auf einem Nährboden ausgestrichen, der das Antibiotikum Ampicillin enthält. Nur die Bakterien können Kolonien (erbgleiche Klone) bilden, die ein Plasmid aufgenommen haben und dadurch gegen Ampicillin resistent geworden sind (b und c). Bakterien ohne Plasmid (a) gehen zugrunde, da ihnen die Resistenz fehlt (s. Abb. 33).
Die Bakterienkolonien, die auf dem ampicillinhaltigen Nährboden gewachsen sind, werden mit einem sterilen Samtstempel auf einen Nährboden übertragen, der Tetracyclin enthält. Bakterien mit dem Hybridplasmid (c) können keine Kolonien bilden, da das Resistenzgen für Tetracyclin durch den Einbau der Fremd-DNS an dieser Stelle zerstört wurde.
Durch Vergleich der Anordnung der Kolonien auf beiden Nährböden können die verschiedenen Bakterienklone identifiziert werden: Die Bakterienkolonien auf dem Ampicillin-Nährboden, die auf dem Tetracyclin-Nährboden fehlen, enthalten Hybridplasmide.

Aufgabe 29

1. *Eine DNS-Sequenz, die ein bestimmtes Protein codiert, soll in Bakterien exprimiert werden.*
   Stellt man dazu rekombinante Plasmide her, so erhält man stets ein Gemisch aus unveränderten Plasmiden und entspechenden Hybridplasmiden. Dieses Gemisch wird mit einer Suspension von Bakterien, die zur Plasmidaufnahme vorbereitet wurden, vereinigt.
   Beschreiben Sie die anschließend erforderlichen Arbeitsschritte einschließlich des Nachweises des synthetisierten Proteins!

2. *Sprechen Sie für ein konkretes Beispiel jeweils eine Chance und ein Risiko der Gentechnologie an!*

Zu 1.

Zur Beschreibung der Hybridplasmid-Klonselektion vgl. Aufgabe 28:

- Weitere Klonierung der Bakterienkolonien, die das Hybridplasmid enthalten, erfolgt in Nährlösungen.
- Nachweis des durch die Fremd-DNS synthetisierten Proteins (z. B. Insulin) ist durch eine Aminosäure-Sequenzanalyse oder durch Testen der biochemischen Wirkung des Proteins, z. B. Substratumsatz durch ein Enzymprotein möglich.

Zu 2.

Chancen der Gentechnologie:

- Herstellung von Medikamenten durch gentechnisch veränderte Bakterien (Insulin, Blutgerinnungsfaktor, Interferon)
- Erzeugung transgener Nutzpflanzen mit Resistenz gegen Schädlinge, Krankheitserreger oder Herbizide
- Anpassung von Pflanzen an Umweltfaktoren wie ungünstige (z. B. mineralstoffarme) Böden oder Kälte
- Züchtung von Pflanzen mit höherem Nährwert (z. B. Eiweiß, bestimmte Aminosäuren) und höherem Ertrag.

Risiken der Gentechnologie:

- Störung des ökologischen Gleichgewichts in der Natur durch gentechnisch veränderte Bakterien
- Störung des ökologischen Gleichgewichts durch die Ausbreitung transgener Pflanzen oder durch natürlichen Gentransfer auf verwandte Pflanzen
- Entstehung neuer krankheitserregender Bakterien
- Verbreitung von Antibiotika-Resistenzgenen
- Gefahr eines bedenkenlosen Herbizideinsatzes, da die herbizidresistenten Nutzpflanzen dadurch nicht geschädigt werden.

Nicht mehr die Vermeidung von Umweltbelastungen (Ursachenbekämpfung) steht im Vordergrund, sondern die gentechnischen Reparaturmöglichkeiten, um bestehende Umweltbelastungen zu bekämpfen oder „verträglich“ zu machen.

Stoffwechsel

Aufgabe 30

Proteine, Fette und Phospholipide sind wesentliche Bestandteile der Zellmembran.

Erläutern Sie den Aufbau der Proteine, Fette und Phospholipide aus den charakteristischen Bausteinen!
Benennen Sie das jeweilige Verknüpfungsprinzip der Bausteine! (Strukturformeln sind nicht verlangt!)

In einem **Protein** sind (100 und mehr) **Aminocarbonsäuren** (Aminosäuren) durch **Peptidbindungen** miteinander verknüpft. Eine Aminocarbonsäure besteht aus einer Aminogruppe, einer Carbonsäuregruppe und einem organischen Rest, der bei den 20 verschiedenen Aminocarbonsäuren unterschiedlich ist (vgl. Aufgabe 23).
In einem **Fett**-Molekül (Lipid) sind **Glycerin** und drei **Fettsäuren** (langkettige Monocarbonsäuren) durch **Esterbindungen** miteinander verknüpft.
In einem **Phospholipid** (z. B. Lecithin) ist Glycerin mit zwei Carbonsäuren und einem Molekül **Phosphorsäure** verestert. Dieses Phosphorsäuremolekül ist zusätzlich mit einem Alkohol (z. B. Cholin) durch Esterbindung verknüpft (Diester der Phosphorsäure).

Aufgabe 31

Am Aufbau der Elementarmembranen von Zellorganellen sind Biomoleküle als wesentliche Bausteine beteiligt.

Beschreiben Sie unter Mitverwendung einer Skizze ein einfaches Modell für den Aufbau einer Elementarmembran!

Elementarmembranen (= Biomembranen) sind aus zwei äußeren Proteinschichten und einer dazwischen liegenden, zweimolekularen Lipiddoppelschicht aufgebaut.
Die Lipidmoleküle (Phospho- und Glykolipide) sind mit ihrem polaren, hydrophilen Ende (Estergruppen) nach außen orientiert; die unpolaren,

lipophilen Kohlenwasserstoffketten der Fettsäuren sind zur Membranmitte hin einander zugekehrt. Innerhalb dieser Doppelschicht können z. B. Farbstoffe eingelagert sein.

Nach dem heute gültigen dynamischen **Flüssig-Mosaik-Modell** sind an der Oberfläche dieser zähflüssigen Lipiddoppelschicht periphere Proteine „schwimmend" angelagert. Integrale Proteine tauchen in den Lipidfilm ein oder durchsetzen ihn vollständig (Tunnelproteine). Sie können dem aktiven Stofftransport durch die Membran dienen. Mehrere solcher Proteine können eine Membranpore (Ionenkanal) bilden.

An die Proteine und Lipide der Membranaußenseite können Kohlenhydratketten gebunden sein. Sie dienen z. B. als Oberflächenantigene der Zellerkennung oder der Informationsübermittlung durch Hormone (s. Abb. 34).

Modellvorstellung zum Aufbau einer Elementarmembran

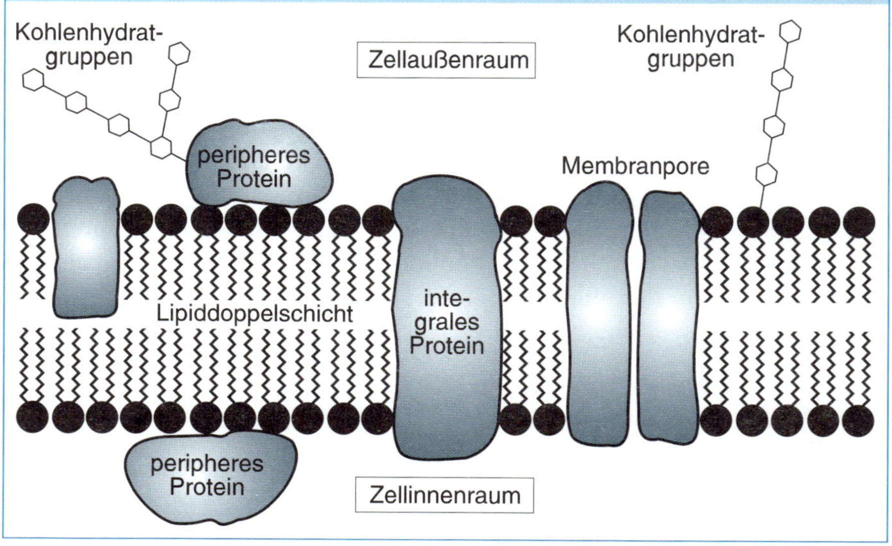

Abb. 34

Aufgabe 32

Geben Sie die Stoffgruppen an, denen die Enzyme zuzuordnen sind!
Beschreiben Sie den Aufbau eines Enzyms aus jeder der von Ihnen angegebenen Stoffgruppen!
Erläutern Sie die grundlegenden Eigenschaften und die katalytische Wirkung von Enzymen!

Enzyme bestehen aus **Proteinen.** Manche Enzyme tragen am Protein noch eine eiweißfremde Komponente, das Coenzym oder die prosthetische Gruppe, sie sind also **Proteide**.

Für sie gilt:	**Apoenzym**	+	**Coenzym**	=	**Holoenzym**
	(Protein)		(Nichtprotein)		(funktionsfähiges Enzym)

Enzyme sind die **Katalysatoren** aller chemischen Reaktionen, die in den Zellen ablaufen (**Biokatalysatoren**). Durch ihre Mitwirkung wird die Aktivierungsenergie einer Reaktion herabgesetzt.

Das Enzym bzw. Holoenzym reagiert mit seinem **Substrat**, einer bestimmten chemischen Verbindung. Das Substrat wird vom Enzym an seiner spezifischen Struktur von anderen Substraten unterschieden und am aktiven Zentrum des Enzyms angelagert. Durch die Bildung des **Enzym-Substrat-Komplexes**

$$\mathbf{E} + \mathbf{S} \rightarrow ES$$

wird das Substrat veranlasst, eine bestimmte chemische Reaktion auszuführen. Ein gegebenes Enzym katalysiert an einem Substrat nur eine ganz bestimmte Reaktion. Nach dieser **Wirkungsspezifität** teilt man die Enzyme ein. Man unterscheidet z. B. Oxidoreduktasen (katalysieren Redoxreaktionen) und Hydrolasen (katalysieren hydrolytische Reaktionen).

Durch die katalytische Wirkung des Enzyms wird das Substrat zum Produkt verändert:

$$ES \rightarrow EP$$

und vom Enzym abgespalten:

$$EP \rightarrow E + P.$$

Die enzymatischen Reaktionen sind Gleichgewichtsreaktionen und unterliegen dem Massenwirkungsgesetz:

$$E + S \rightleftharpoons ES \rightleftharpoons EP \rightleftharpoons E + P.$$

Die Gleichgewichtslage wird durch die Reaktionsgeschwindigkeit der Teilreaktionen bestimmt.

Bei **Proteidenzymen** wird die spezifische Reaktion durch die Wirkgruppe (**Coenzym** oder **prosthetische Gruppe**) katalysiert (s. Abb. 35, S. 66).

Wirkungsweise von Coenzymen

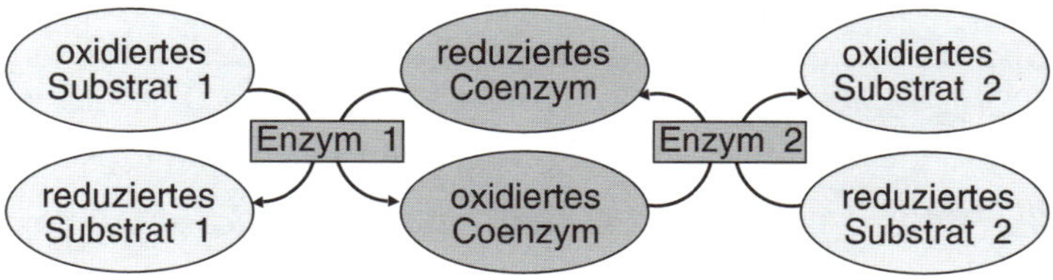

Abb. 35

Die Coenzyme verhalten sich ähnlich wie Substrate. Sie werden am Enzym mit einem Substrat in stöchiometrischen Mengen umgesetzt und wieder abgespalten. Dann reagieren sie in der veränderten Form an einem zweiten Enzym mit einem zweiten Substrat. Durch diese Reaktion erhalten sie wieder ihre ursprüngliche Form. Man bezeichnet daher die Coenzyme häufig als Cosubstrate.
Prosthetische Gruppen bleiben dagegen immer am gleichen Enzym. Auch sie müssen sich natürlich mit einem zweiten Substrat umsetzen, damit sie wieder ihre ursprüngliche Form erlangen. Beispiel: FAD als Wirkgruppe von Oxidoreduktasen.
Zur Synthese von Coenzymen und prosthetischen Gruppen werden häufig Vitamine gebraucht. Damit erklärt sich die Bedeutung dieser Stoffe für den Organismus.
Enzyme entstehen in der Zelle nur in geringer Menge und werden rasch wieder abgebaut. Dadurch können die unterschiedlichsten Reaktionen auf engem Raum ablaufen.
Substratspezifität kennzeichnet die Fähigkeit der Enzyme, nur auf bestimmte Substrate einzuwirken. Sie entsteht durch die komplizierte Tertiärstruktur der Enzymmoleküle. Nur Substrate mit einer ganz bestimmten Form und chemischen Zusammensetzung passen damit in das **aktive Zentrum** des Enzyms (**Schlüssel-Schloss-Prinzip**).
Diese Spezifität ist meist sehr hoch, manchmal sogar absolut. Enzyme mit relativ geringer Spezifität sind manche Verdauungsenzyme wie z. B. Trypsin oder Chymotrypsin, die in ganz unterschiedlichen Proteinen Peptidbindungen spalten. Absolute Spezifität zeigt dagegen die Urease, die nur den Harnstoff angreift (und ihn zu Ammoniak und Kohlensäure hydrolysiert), mit dem sehr ähnlichen Thioharnstoff oder mit Methylharnstoff jedoch nicht reagiert.

Wirkungsspezifität kennzeichnet die Fähigkeit der Enzyme, nur eine ganz bestimmte Reaktion zu katalysieren. Sie beruht bei den reinen Proteinenzymen auf bestimmten Aminosäuren im aktiven Zentrum, bei Proteidenzymen sind daran noch die Nichtproteinanteile des Enzyms beteiligt.
So spaltet die ATP-Phosphohydrolase ATP zu ADP und Phosphat, während die ATP-Diphosphohydrolase die Spaltung zu AMP und Diphosphat katalysiert. Von allen möglichen Reaktionen des ATP-Moleküls katalysieren beide Enzyme nur hydrolytische Spaltungen, wobei noch dazu jedes der beiden Enzyme streng spezifisch für eine ganz bestimmte Hydrolyse wirkt. Zugleich sind beide Enzyme natürlich hoch substratspezifisch für ATP.

Aufgabe 33

Die Auswertung von Enzymversuchen ergab folgende Kurven:

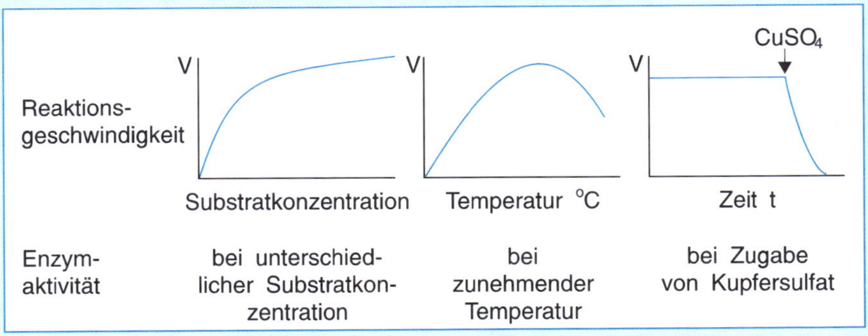

Erläutern und begründen Sie den Verlauf der drei Kurven!

1. Kurve: Die Kurve gibt die Reaktionsgeschwindigkeit in Abhängigkeit von der Substratkonzentration wieder. Mit zunehmender Substratkonzentration steigt die Reaktionsgeschwindigkeit zunächst steil, dann immer langsamer an. Schließlich nähert sie sich asymptotisch einem Maximalwert, der für ein bestimmtes Enzym charakteristisch ist.
Die Substratkonzentration, bei der die **halbmaximale Reaktionsgeschwindigkeit** erreicht wird, nennt man **Michaelis-Konstante**. Je größer die Michaelis-Konstante ist, desto flacher verläuft die Kurve, desto geringer ist die Affinität des Enzyms zum Substrat.

Der Verlauf der Kurve lässt sich folgendermaßen erklären: Bei niedriger Substratkonzentration ist die Wahrscheinlichkeit gering, dass ein Substratmolekül auf das aktive Zentrum eines Enzyms trifft. Mit zunehmender Substratkonzentration wird die Zeit immer kürzer, die vergeht, bis ein neues Molekül an das aktive Zentrum kommt. Schließlich ist jedes Enzymmolekül so dicht von Substratmolekülen umgeben, dass die Reaktionsgeschwindigkeit nur noch von der Umsetzungsgeschwindigkeit am Enzym abhängt. Dieser Maximalwert kann nicht überschritten werden, außer durch Erhöhung der Enzymkonzentration.

2. Kurve: Sie zeigt die Abhängigkeit der Enzymaktivität von der Temperatur. Mit zunehmender Temperatur steigt zunächst wie bei vielen chemischen Reaktionen die Reaktionsgeschwindigkeit (**RGT-Regel**). Bei den meisten Enzymen nimmt die Aktivität um den Faktor 1,4 bis 2 für je 10° C Temperaturerhöhung zu. Dies gilt aber nur für den Bereich zwischen 10° C und 30° C. Die Aktivität erreicht sehr schnell ein Optimum, das für die meisten Enzyme zwischen 25° C und 38° C liegt. Bei höheren Temperaturen sinkt die Aktivität schnell ab, da nun die Enzyme **denaturiert** werden. Es kommt dabei zu Änderungen in der Konformation der Proteinmoleküle, wodurch ihre spezifische Wirksamkeit verloren geht. Diese **Hitzedenaturierung** kann man sehr gut beim Hartwerden der Eier beim Kochen beobachten.

Einige wenige Enzyme, z. B. bei hitzestabilen Bakterien in heißen Quellen, können auch Temperaturen über 60° C ohne Denaturierung vertragen.

3. Kurve: Sie zeigt, dass Enzyme auch durch **Schwermetallionen** leicht denaturiert werden. Die Wirkung beruht darauf, dass die Cu^{++}-Ionen mit SH-Gruppen (Thiogruppen) des Enzyms reagieren. Die gleiche Wirkung zeigen auch andere Schwermetallionen wie Hg^{++} und Ag^{+}. Die Ionen werden an die Thiogruppe gebunden, ähnlich wie sie in wässriger Lösung von H_2S ausgefällt werden.

Manche Enzyme besitzen am aktiven Zentrum eine SH-Gruppe, z. B. die Alkolholdehydrogenase. Derartige Enzyme reagieren natürlich besonders empfindlich auf Schwermetallionen. Bei anderen Enzymen wird durch die Salzbildung an den SH-Gruppen die Konformation des Proteins verändert und damit die Aktivität des Enzyms beeinträchtigt.

Aufgabe 34

Enzyme müssen im Stoffwechselgeschehen in ihrer Aktivität reguliert werden.

Grenzen Sie die Begriffe „kompetitive Hemmung" und „allosterische Hemmung" voneinander ab!
Erklären und begründen Sie die Auswirkungen einer Erhöhung der Substratkonzentration auf die Aktivität allosterisch bzw. kompetitiv gehemmter Enzyme!

Enzyme lassen sich durch bestimmte Substanzen in ihrer Aktivität hemmen. Von den verschiedenen Möglichkeiten sind im Stoffwechselgeschehen die kompetitive und die allosterische Hemmung besonders wichtig.

Kompetitive Hemmung:
Konkurriert ein Hemmstoff mit dem Substrat um das aktive Zentrum am Enzymmolekül, so spricht man von kompetitiver Hemmung oder Verdrängungshemmung. Hemmstoff und Substratmolekül sind meist sehr ähnlich gebaut.

Kompetitive Hemmung der Enzymaktivität

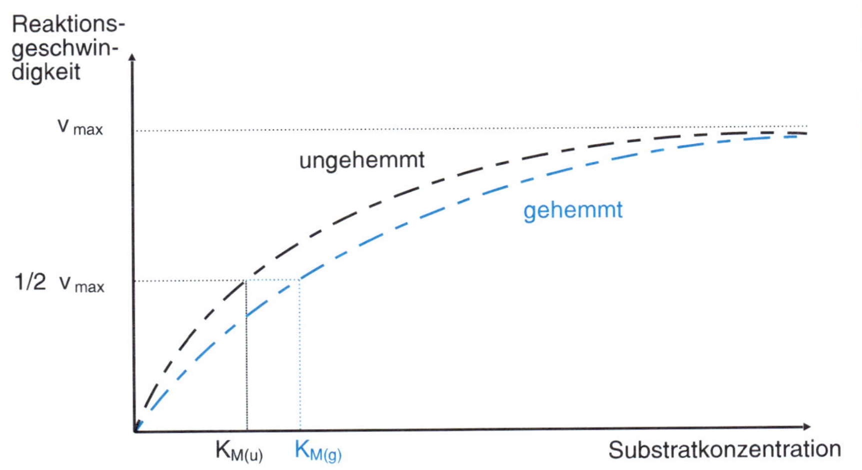

Abb. 36

Kennzeichen der kompetitiven Hemmung (s. Abb. 36, S. 69):

- Bei der kompetitiven Hemmung wird mit zunehmender Substratkonzentration der Hemmstoff allmählich vom aktiven Zentrum verdrängt. Dadurch kann die maximale Reaktionsgeschwindigkeit dennoch erreicht werden.
- Bei einer gehemmten Reaktion ist die Michaelis-Konstante K_M größer als bei einer ungehemmten.
- Die Enzymhemmung ist reversibel.

Allosterische Hemmung:

Hemmstoffe werden nicht am aktiven Zentrum des Enzymmoleküls gebunden, sondern an einer anderen Stelle des Eiweißanteils. Dadurch verändert sich die Konformation des Enzymmoleküls. Die allosterische Hemmung besitzt eine besondere Bedeutung für die Regulation des Stoffwechselgeschehens in der Zelle, da vor allem längere Reaktionsabfolgen kontrolliert werden. Die Molekülstruktur von Substrat und Hemmstoff ist nicht ähnlich.

Allosterische Hemmung der Enzymaktivität

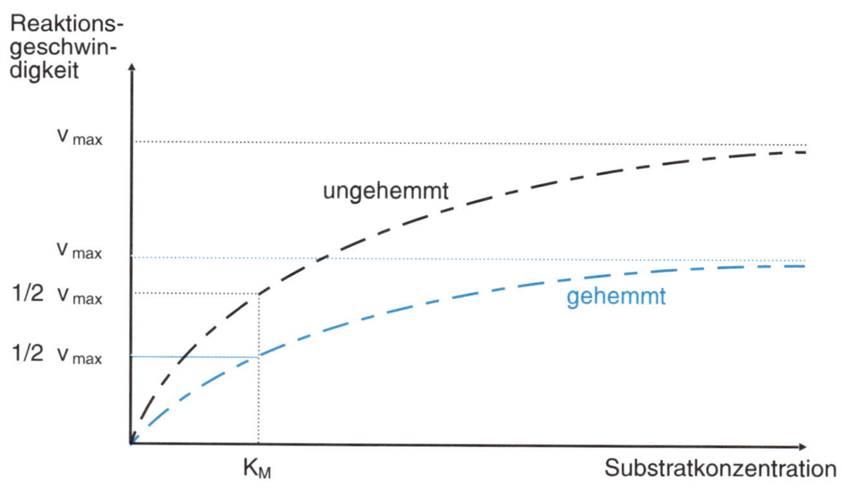

Abb. 37

Kennzeichen der allosterischen Hemmung (s. Abb. 37):

- Bei der allosterischen Hemmung wird je nach der Hemmstoffkonzentration ein gewisser Prozentsatz der Enzymmoleküle verändert, es ist also weniger aktives Enzym vorhanden. Die maximale Reaktionsgeschwindigkeit wird auch bei noch so hohen Substratkonzentrationen nicht erreicht.

- Bei einer gehemmten Reaktion ist die Michaelis-Konstante K_M etwa gleich der ungehemmten.
- Die Enzymhemmung ist reversibel, wenn der Hemmstoff aus dem Stoffgemisch entfernt wird.

Die meisten allosterischen Enzyme sind allerdings aus mehreren Untereinheiten aufgebaut; dadurch ergeben sich wesentlich komplexere Graphen.

Aufgabe 35

Erläutern Sie die Bedeutung von ATP im Organismus und geben Sie an, welche Moleküleigenschaft hierfür die Voraussetzung darstellt!

ATP (Adenosintriphosphat) ist der Energieüberträger der Zelle. Wird bei **exergonischen** Prozessen genügend Energie frei, so wird Phosphat an **ADP (Adenosindiphosphat)** gebunden. Umgekehrt liefert die hydrolytische Spaltung von ATP Energie für **endergonische** Vorgänge.

$$ATP + H_2O \rightleftharpoons ADP + H_3PO_4 + \text{Energie}$$
$$\text{vereinfacht: } ATP \rightleftharpoons ADP + Ⓟ$$

ATP stellt eine einheitliche Energiewährung der Zelle dar. Zu seinem Aufbau kann nicht nur chemische Energie genutzt werden, sondern auch z. B. Lichtenergie (Photosynthese). Andererseits liefert die hydrolytische Spaltung von ATP die Energie für chemische Synthesen, für elektrische Vorgänge (Aktionspotentiale) und für mechanische Arbeit (Muskelkontraktion).

ATP ist also Energieüberträger, kein Energiespeicher (höchstens kurzfristig). Als Energiespeicher, z. B. für Muskelzellen, dient Kreatinphosphat. Bei der Muskelarbeit wird dieser Phosphorsäureester gespalten unter ATP-Bildung, da für die Muskelkontraktion unbedingt ATP erforderlich ist.

ATP kann als gruppenübertragendes Coenzym einerseits von „energiereichen" Verbindungen Phosphat aufnehmen, andererseits an „energiearme" Verbindungen Phosphat übertragen.

Aufgabe 36

Auf einen im Wasser eines Mikropräparats liegenden Grünalgenfaden wird prismatisch zerlegtes Sonnenlicht projiziert. Im Verlauf der Belichtung wird folgende Ansammlung sauerstoffliebender Bakterien, die in diesem Lebendpräparat vorhanden sind, längs des Algenfadens beobachtet:

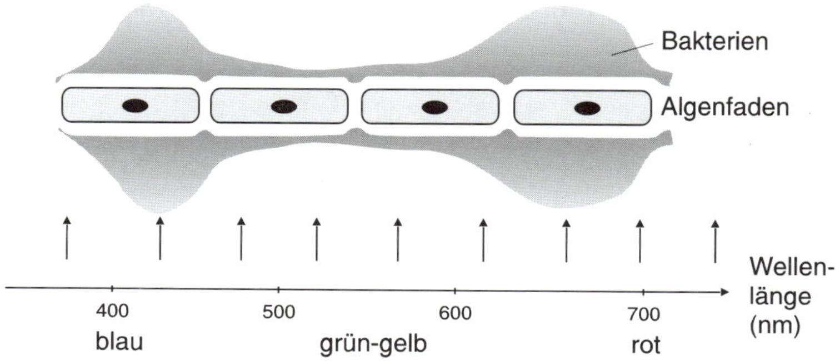

Erklären Sie die unterschiedliche Verteilung der Bakterien längs des Grünalgenfadens!
Welche Beziehung zwischen der Photosyntheserate und dem in die Spektralfarben zerlegten Sonnenlicht lässt sich daraus ableiten?

Die Bakterien sammeln sich an denjenigen Stellen des Algenfadens an, wo besonders viel Sauerstoff abgegeben wird. Es muss sich also um aerobe Bakterien handeln.
Die **Sauerstoffabgabe** ist ein **Maß für die Photosyntheseleistung** an dieser Stelle. Man erhält mit diesem Versuch also eine grobe Darstellung der Photosyntheserate bei verschiedenen Wellenlängen. Die stärkste Sauerstoffproduktion finden wir in den Spektralbereichen, wo die **Absorptionsmaxima** des Chlorophylls liegen, nämlich bei 430 nm im blauvioletten und bei 662 nm im roten Bereich des **Spektrums** (Zahlenangaben für Chlorophyll a). Daraus ersieht man, dass die Chlorophylle die wichtigsten Farbstoffe der Photosynthese sind.

Aufgabe 37

Erläutern Sie den Verlauf der zwei abgebildeten Kurven im Hinblick auf die beiden Teilvorgänge der Photosynthese.

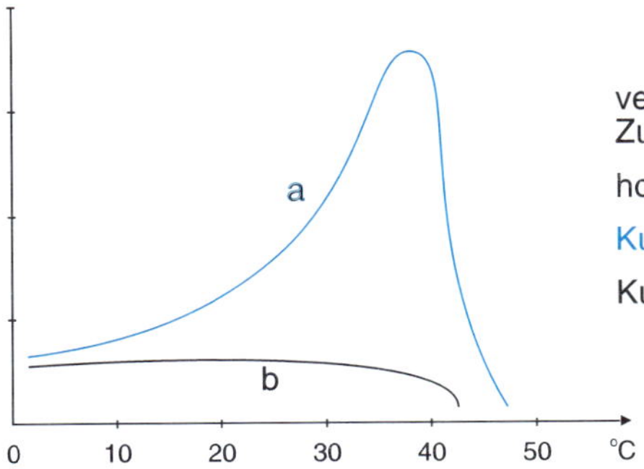

vertikale Achse: Zunahme der Sauerstoffproduktion

horizontale Achse: Temperatur

Kurve a: bei hoher Lichtintensität

Kurve b: bei geringer Lichtintensität

Beide Kurven sind das Ergebnis von Versuchen mit der gleichen Pflanzenart.

Die Teile der Lichtreaktion, bei denen Elektronen gegen das Redoxpotentialgefälle angehoben werden, sind photochemische Vorgänge (Photooxidation des Chlorophylls). Photochemische Reaktionen sind temperaturunabhängig.
Alle anderen Teile der Lichtreaktion, bei denen Elektronen entsprechend dem Redoxgefälle bewegt werden, sind normale enzymatische Reaktionen und dementsprechend temperaturabhängig. Ebenso sind alle Vorgänge der Dunkelreaktion enzymatisch gesteuert und daher temperaturabhängig.
Bei ausreichend hoher Lichtintensität bilden die photochemischen Abschnitte der Lichtreaktion keinen Engpass. Es werden in jedem Fall genügend Ausgangsstoffe für die nachfolgenden temperaturabhängigen enzymatischen Reaktionen (z. B. der Dunkelreaktion) geliefert. Eine Erhöhung der Temperatur bewirkt daher eine Beschleunigung der Enzymreaktionen (RGT-Regel; vgl. Aufgabe 33) und damit eine erhöhte Photosyntheseleistung (Zunahme der Sauerstoffproduktion).
Bei Temperaturen um 35° C ist das Temperaturoptimum der Enzyme erreicht; der jeweilige Wert ist natürlich von der Pflanzenart abhängig. Bei höheren Temperaturen werden die Enzyme sehr schnell inaktiviert (Hitzedenaturierung), damit sinkt die Photosyntheseleistung rapide ab.

Bei geringer Beleuchtungsstärke werden über die photochemischen Prozesse so wenig Produkte angeliefert, dass die enzymatischen Reaktionen schon bei niedriger Temperatur mit der Weiterverarbeitung nachkommen. Eine Temperaturerhöhung und damit eine Beschleunigung der Enzymreaktion ist wirkungslos, weil die Anlieferung an Stoffen über die Lichtreaktionen gleich niedrig bleibt. Aus dem geradlinigen Verlauf der Messwerte sieht man deutlich, dass die photochemischen Reaktionen durch Temperaturerhöhung nicht beeinflusst werden. Über 35° C setzt natürlich auch hier wieder die Inaktivierung der Enzyme ein.

Aufgabe 38

Interpretieren Sie das nachstehende Diagramm und berücksichtigen Sie dabei die beiden Reaktionsbereiche der Photosynthese!

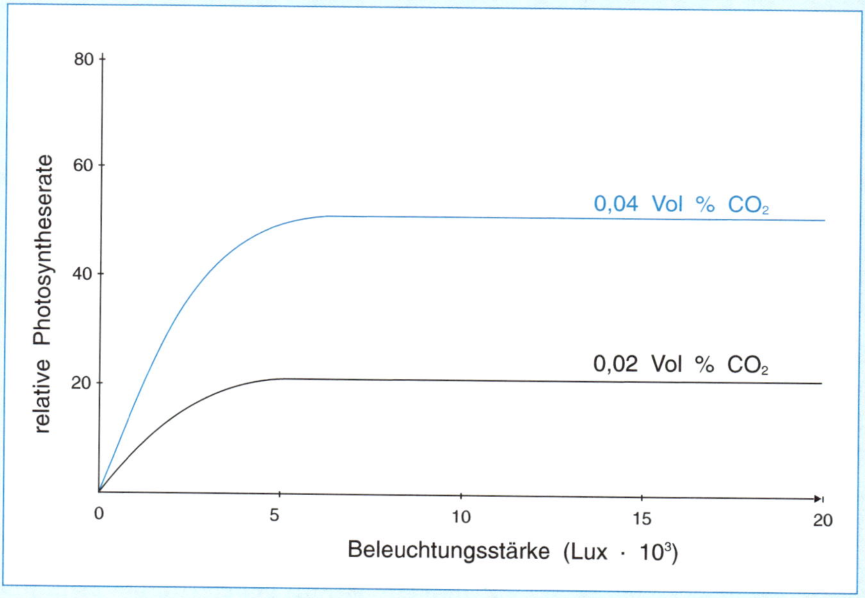

Für beide Kurven gilt:

Die Photosyntheserate steigt mit zunehmender Beleuchtungsstärke an: Die zunehmende Beleuchtungsstärke steigert die Effektivität der Lichtreaktionen und damit das Angebot an NADPH+H$^+$ und ATP.

Sättigung der Photosyntheserate bei niedriger CO_2-Konzentration:
Die Photosyntheserate erreicht bei geringerer Beleuchtungsstärke ihren Sättigungswert. Das geringe CO_2-Angebot begrenzt die $NADPH+H^+$- und ATP-verbrauchenden Dunkelreaktionen und damit auch die Photosyntheserate.
Erhöhung der Photosyntheserate bei höherer CO_2-Konzentration:
Die Photosyntheserate erreicht erst bei höherer Beleuchtungsstärke ihren Sättigungswert. Das größere CO_2-Angebot führt zu einer Intensivierung der Dunkelreaktionen, bis auch hier wieder das CO_2-Angebot den Verbrauch von $NADPH+H^+$ und ATP aus den Lichtreaktionen begrenzt. Damit ist die bei dieser CO_2-Konzentration maximale Photosyntheserate erreicht und die Kurve bleibt konstant auf dem Sättigungswert.

Hinweis:
In der Natur ist der CO_2-Gehalt der Luft mit ca. 0,03 Vol.-% CO_2 der begrenzende Faktor. Die Photosyntheserate lässt sich bis zu einem Angebot von etwa 0,1 Vol.-% CO_2 steigern. Höhere CO_2-Konzentrationen können schließlich die Photosynthese sogar hemmen. Außerdem hemmt auch eine zu hohe Beleuchtungsstärke die Photosynthese, da die Strukturen des Blattes geschädigt werden.

TIPP

Beschreiben bzw. nennen Sie bei einer Kurveninterpretation zuerst den Kurvenverlauf in Abhängigkeit von beiden Achsen des Diagramms. Gliedern Sie dazu ggf. die Kurve in Anstieg, Maximum, konstanten Sättigungswert, Minimum, Abfall etc. Dann erklären bzw. begründen Sie den Verlauf der Kurve bzw. des jeweiligen Kurvenabschnittes.

Aufgabe 39

Bei der Photosynthese der Pflanzen wird von der Sonne abgestrahlte Energie zum Aufbau energiereicher Verbindungen der Pflanze nutzbar gemacht. Als „Nebenprodukt" wird Sauerstoff freigesetzt, der in der Atmung Verwendung findet.

Beschreiben Sie unter Mitverwendung einer beschrifteten Schemazeichnung, wie die Energie des Sonnenlichtes bei der Photosynthese in chemisch gebundene Energie umgewandelt wird!

Überblick über die Vorgänge der Photosynthese:

Die Photosynthese besteht aus zwei Reaktionsabfolgen: Lichtreaktion und Dunkelreaktion.

Im Verlauf der Lichtreaktion wird Wasser gespalten, wobei der entstehende Wasserstoff an das Coenzym $NADP^+$ gebunden und ATP erzeugt wird. Sauerstoff wird als „Abfallprodukt" frei.

Mit Hilfe von ATP und dem Reduktionsmittel $NADPH+H^+$ kann in der Dunkelreaktion CO_2 auf die Stufe der Kohlenhydrate reduziert werden (s. Abb. 38).

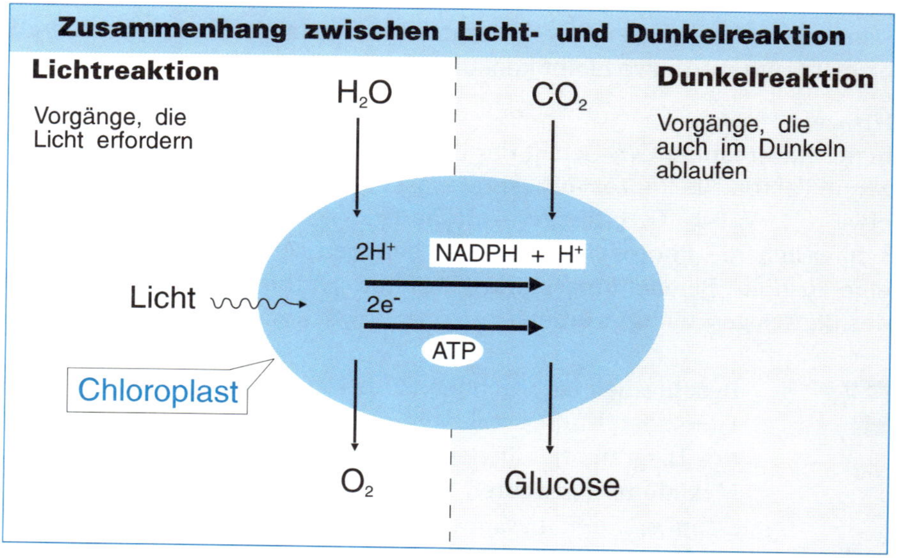

Abb. 38

Vorgänge der Lichtreaktion:

Bei der Lichtreaktion **absorbiert** das **Chlorophyll** (Chlorophyllsystem II) Licht (Lichtquanten). Dadurch werden Elektronen im Chlorophyllmolekül auf ein höheres Energieniveau gehoben. In diesem angeregten Zustand kann das Chlorophyll einen Elektronenakzeptor unter Abgabe von Elektronen reduzieren.

Die Elektronenlücke im Chlorophyll wird durch Elektronen aus dem Wasser gedeckt:

$$H_2O \longrightarrow 2\,H^+ + 1/2\,O_2 + 2\,e^-$$

Dabei wird Wasser gespalten (**Photolyse des Wassers**). Sauerstoff entsteht als Abfallprodukt.

Die Elektronen werden über eine **Elektronentransportkette** zu einem anderen Chlorophyllsystem (System I) gebracht. Dort füllen sie eine Elek-

tronenlücke, die durch Anregung des Chlorophylls und Übertragung der Elektronen auf $NADP^+$ entstanden ist.
Letztlich werden also bei der Lichtreaktion Elektronen auf ein stark negatives Redoxpotential befördert und zusammen mit den Protonen aus dem Wasser von $NADP^+$ gebunden = **Bildung der Reduktionsäquivalente:**

$$NADP^+ + 2H^+ + 2\,e^- \longrightarrow NADPH+H^+$$

Die Elektronen gelangen vom angeregten Zustand im System II auf ein elektropositiveres Redoxpotential im System I zurück. Die dabei frei werdende Energie wird dazu benützt, um aus ADP und Phosphat ATP aufzubauen (**Photophosphorylierung**, s. Abb. 39).
Die Lichtreaktion der Photosynthese stellt also das Reduktionsäquivalent $NADPH+H^+$ und das Energieäquivalent ATP zur Verfügung, die in der anschließenden Dunkelreaktion verwendet werden.

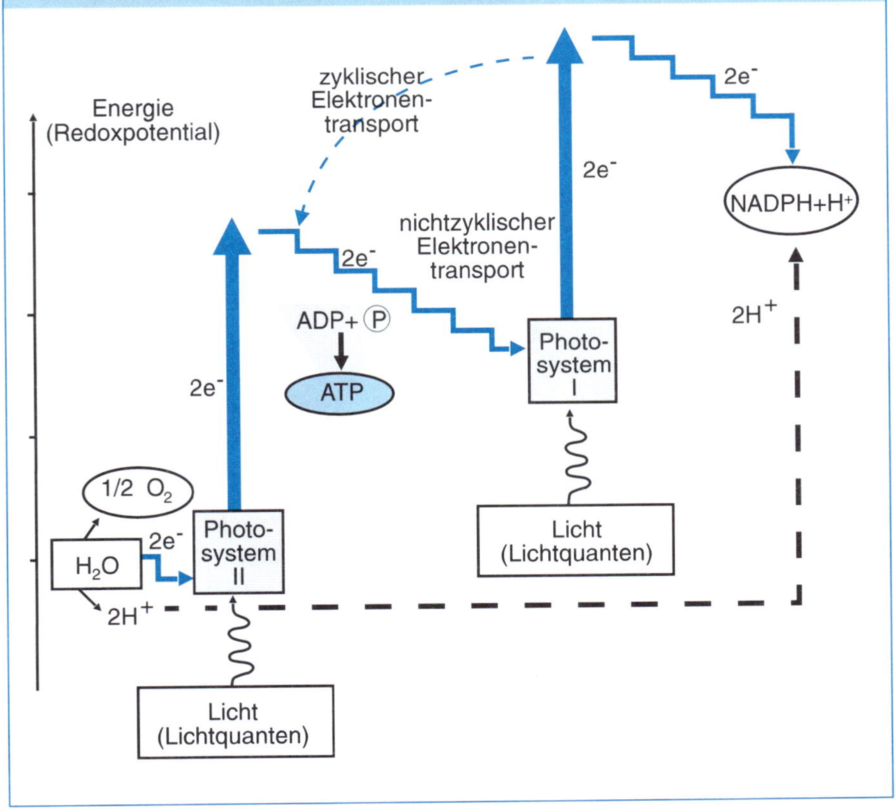

Energieschema der Lichtreaktion der Photosynthese

Abb. 39

Der Bedarf an ATP in der Dunkelreaktion ist höher als der an $NADPH+H^+$. Deshalb kann es noch zu einer zyklischen Elektronenübertragung vom Chlorophyllsystem I auf die Elektronentransportkette kommen. Mit Hilfe der dabei frei werdenden Energie wird das zusätzlich benötigte ATP gebildet (**Photophosphorylierung**).

TIPP Achten Sie auf die etwas unlogische Reihenfolge der Photosysteme I und II.

Aufgabe 40

Unkrautbekämpfungsmittel haben heute mit etwa 60 % den größten Anteil am Pestizideinsatz in der Bundesrepublik Deutschland. Bei einem Großteil dieser Herbizide handelt es sich um Stoffe, die verschiedene Teilabschnitte der Photosynthese blockieren und dadurch die Pflanzen absterben lassen.
So hemmt eine Gruppe von Herbiziden (Gruppe A) ein sich an das Photosystem II anschließendes Redoxsystem und verhindert damit den Elektronentransport zwischen Photosystem II und Photosystem I.
Eine andere Herbizidgruppe (Gruppe B) besteht vorwiegend aus Substanzen, die Elektronen vom Photosystem I aufnehmen.

Erläutern Sie, welche Folgen der Einsatz von Herbiziden der Gruppe A und B jeweils für die Lichtreaktion und damit auch für die Dunkelreaktion der Photosynthese hat!
Gehen Sie dabei von den entsprechenden Vorgängen der Lichtreaktion der Photosynthese aus!

Der Einsatz von **Herbiziden** der Gruppe A unterbricht die Elektronentransportkette zwischen den beiden Photosystemen. Damit ist weder eine zyklische noch eine nichtzyklische Photophosphorylierung (ATP-Bildung) möglich. Da der Elektronentransport unterbrochen wird, unterbleibt auch die Bereitstellung von $NADPH+H^+$.
Bei Einsatz von Herbiziden der Gruppe B werden die vom Photosystem I herkommenden Elektronen abgefangen; damit kann ebenfalls kein $NADPH+H^+$ entstehen. Die zyklische und nichtzyklische ATP-Bildung wird nicht beeinträchtigt.

In beiden Fällen sterben die Pflanzen ab, da die Dunkelreaktion durch das Fehlen von Reduktionsäquivalenten blockiert wird. Zusätzlich fehlen, nach Einsatz von Herbiziden der Gruppe A, auch noch die Energieäquivalente in Form von ATP.

Aufgabe 41

Legen Sie anhand einer beschrifteten schematischen Übersicht die Vorgänge in der Dunkelreaktion der Photosynthese dar!

Bei ausreichend hoher Lichtintensität bilden die photochemischen Abschnitte der Lichtreaktion genügend Ausgangsstoffe für die nachfolgenden temperaturabhängigen enzymatischen Reaktionen der Dunkelreaktion. Hier werden die **Energieäquivalente ATP** und die **Reduktionsäquivalente NADPH+H$^+$** zur **Reduktion des Kohlendioxids** und damit zum **Aufbau von Glucose** benötigt (s. Abb. 40).

Dunkelreaktion der Photosynthese im C-Körper-Schema

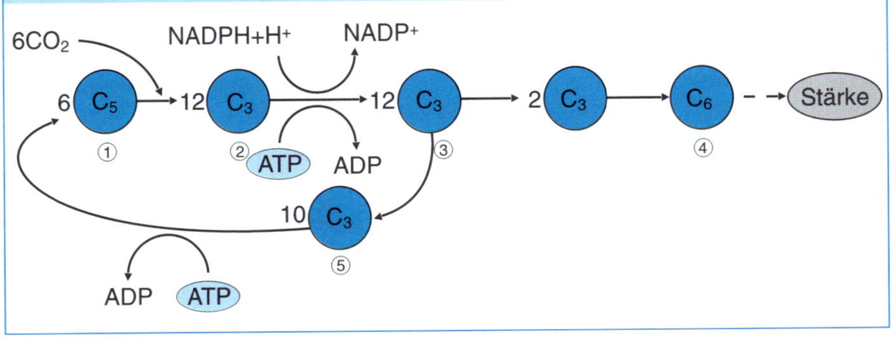

Abb. 40

Das Akzeptormolekül **Ribulosediphosphat** ① bindet Kohlendioxid. Über eine instabile Zwischenverbindung entstehen sofort **Glycerinsäurephosphat**-Moleküle ②. Im darauffolgenden Stoffwechselschritt wird diese Verbindung unter Verbrauch von NADPH + H$^+$ reduziert zu **Glycerinaldehydphosphat** ③. Das nun in oxidierter Form vorliegende NADP$^+$ kehrt in die Lichtreaktion zurück. Die Energie für diese Redoxreaktion liefert das ATP. Wenn zwei der gebildeten Triosemoleküle miteinander reagieren, entsteht über verschiedene Zwischenstufen **Glucose** ④.

Aus den anderen Glycerinaldehydphosphat-Molekülen ⑤ wird in einem **mehrstufigen Regenerationsprozess** das Ribulosediphosphat wieder hergestellt. Dieser sog. **Calvin-Zyklus** benötigt ebenfalls ATP.

Darstellung der Dunkelreaktion als chemische Gleichung:

$$6\,CO_2 + 12\,NADPH + 12\,H^+ + 18\,ATP \longrightarrow C_6H_{12}O_6 + 12\,NADP^+ + 18\,ADP + 18\,ⓟ + 6\,H_2O$$

Aufgabe 42

Der Mensch kann Kohlenhydrate aerob und anaerob abbauen.

Geben Sie an, unter welcher Bedingung es zum anaeroben Abbau von Glucose im menschlichen Organismus kommt!
Stellen Sie die entsprechenden biochemischen Vorgänge in einem beschrifteten C-Körperschema dar!

Die notwendige Energie, die die heterotrophen Organismen zum Leben benötigen, wird vor allem durch den Abbau von Kohlenhydraten gewonnen. Auf diese Weise wird der wichtigste Energieträger der lebenden Zelle, das Adenosintriphosphat (ATP) (vgl. Aufgabe 35), hergestellt. Dazu werden die Kohlenhydrate im Stoffwechsel der heterotrophen Lebewesen mit Hilfe von Enzymen umgewandelt und schließlich abgebaut.
Der erste Teil des Kohlenhydratabbaus verläuft in allen Organismen weitgehend gleichartig, egal, ob aerobe oder anaerobe Bedingungen vorliegen. Dabei tritt als erstes wichtiges Zwischenprodukt in dieser Reaktionskette Brenztraubensäure (2-Ketopropansäure, H_3C-CO-COOH, als Salz Pyruvat genannt) auf. Der zweite Teil der Reaktionskette verläuft bei den verschiedenen Lebewesen unterschiedlich.

Abbau von Kohlenhydraten zu Brenztraubensäure: Glykolyse (Embden-Meyerhof-Abbau) (s. Abb. 41).
Steht Glucose in der Zelle nicht ausreichend zur Verfügung, so wird sie durch enzymatische Spaltung aus Kohlenhydraten wie Stärke, Glykogen oder aus Mehrfachzuckern, wie Rohrzucker, gewonnen.

Glykolyse im C-Körper-Schema

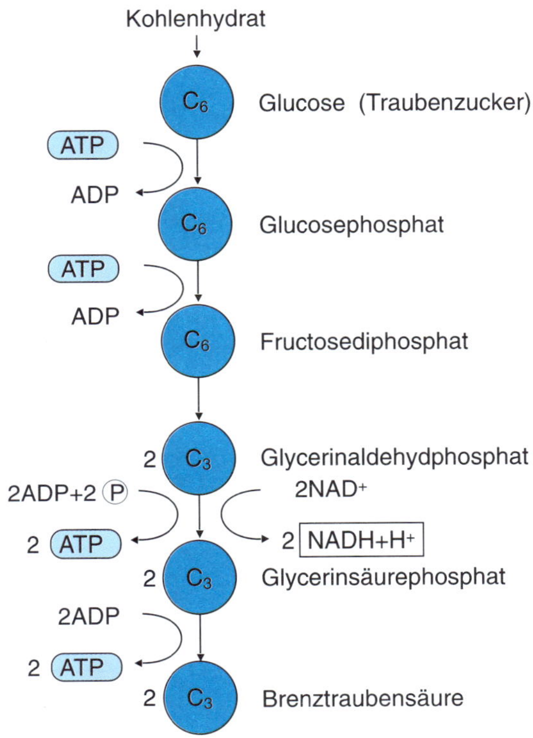

Abb. 41

Zunächst wird aus **Glucose** unter zweimaligem ATP-Verbrauch und enzymatischer Umwandlung **Fructosediphosphat** gebildet. Nach der Spaltung dieses Moleküls in zwei Moleküle **Glycerinaldehydphosphat** werden diese im energieliefernden Vorgang zu **Glycerinsäurephosphat** oxidiert; NAD^+ wird zu $NADH+H^+$ reduziert. Die frei werdende Energie dient zur Bildung von ATP aus ADP und anorganischem Phosphat. Schließlich werden in mehreren Schritten zwei Moleküle **Brenztraubensäure** frei.
Die Glykolyse kann nur ablaufen, wenn genügend NAD^+ zur Verfügung steht, daher schließen sich an die Glykolyse verschiedene Reaktionsketten an, die **NAD^+ regenerieren** (**Milchsäuregärung, alkoholische Gärung, Atmungskette**).

Bilanz der Glykolyse:

Verbrauch pro mol Glucose:	2 mol ATP
Freisetzung pro mol Glucose:	2 × 2 mol ATP
Gewinn pro mol Glucose:	2 mol ATP
	2 mol NADH + H^+

Anaerobe Umwandlung von Brenztraubensäure zu Milchsäure: Milchsäuregärung

Die Muskelzellen des Menschen, aber auch anderer höherer Lebewesen, und einige Bakterienarten erzeugen durch Reduktion der Brenztraubensäure Milchsäure, wenn kein oder zu wenig Sauerstoff vorhanden ist. Dies geschieht beim Menschen bei sehr starker körperlicher Anstrengung. Die Anreicherung der Milchsäure im Muskel wird mit für die Entstehung von Muskelkater verantwortlich gemacht. (Die Tätigkeit der Milchsäurebakterien ist auch entscheidend beim Sauerwerden von Milch, bei der Herstellung von Jogurt, Käse und Sauerkraut.) (s. Abb. 42)

Allgemeines Schema der Milchsäuregärung, ausgehend von Brenztraubensäure

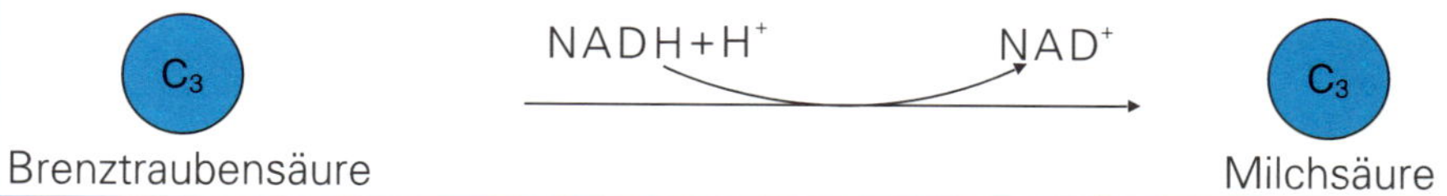

Abb. 42

Unter **anaeroben** Bedingungen wird NADH+H^+ bei der Reduktion der Brenztraubensäure wieder zu NAD^+ oxidiert und steht damit für die Vorgänge der Glykolyse wiederum zur Verfügung. Es erfolgt kein weiterer ATP-Gewinn, sodass **insgesamt nur 2 mol ATP pro mol Glucose** frei werden. Um ausreichend Stoffwechselenergie zu gewinnen, müssen deshalb bei anaeroben Bedingungen große Glucosemengen umgesetzt werden.

Aufgabe 43

Seit ältester Zeit führt der Mensch mit Hilfe von Mikroorganismen verschiedene Gärungsvorgänge durch.

Definieren Sie den Begriff „Gärung“!
Formulieren Sie die Bruttogleichung für die alkoholische Gärung, ausgehend von Glucose, und erläutern Sie die wesentlichen biochemischen Vorgänge dieses Prozesses! Chemische Formeln sind dabei nicht verlangt.

Unter **Gärung** versteht man die **anaerobe** Spaltung energiereicher Moleküle in energieärmere Bruchstücke mit Hilfe der Tätigkeit von Mikroorganismen oder freier Enzyme (s. Abb. 43).

Bruttogleichung für die alkoholische Gärung

$$C_6H_{12}O_6 + 2\ ADP + 2\ Ⓟ \xrightarrow{\text{Enzyme}} 2\ C_2H_5OH + 2\ CO_2 + 2\ ATP$$

Abb. 43

Glucose wird zunächst zu Brenztraubensäure abgebaut (vgl. Aufgabe 42). Bei der alkoholischen Gärung wird anschließend daraus Ethanol erzeugt. Einige Hefepilzarten verfügen über ein Enzym, das unter anaeroben Bedingungen aus Brenztraubensäure ein Molekül **Kohlendioxid** abzuspalten vermag. Das zunächst entstehende **Ethanal** (Acetaldehyd) wird enzymatisch sofort zu **Ethanol** reduziert, sodass dieses Zellgift unschädlich gemacht wird. Beispiele: Bier- und Weinherstellung (s. Abb. 44).

Allgemeines Schema der alkoholischen Gärung, ausgehend von Brenztraubensäure

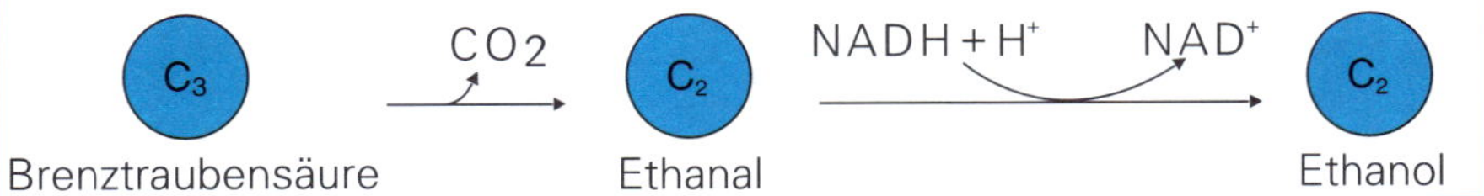

Abb. 44

Unter **anaeroben** Bedingungen wird $NADH+H^+$ zu NAD^+ oxidiert und steht damit wieder für die Vorgänge der Glykolyse zur Verfügung. Auch hierbei erfolgt kein weiterer ATP-Gewinn, sodass bei der Bildung von Ethanol **pro mol Glucose nur die 2 mol ATP** aus der Glykolyse frei werden.

Wird der entstehende Alkohol nicht aus dem Reaktionsgemisch entfernt, so reichert er sich bis etwa 18 % in der Lösung an. Eine höhere Alkoholkonzentration ist nicht möglich, da der gebildete Ethanol die Stoffwechselenzyme der Hefepilze hemmt.
Hefepilze sind jedoch auch in der Lage, in Anwesenheit von Sauerstoff Glucose **aerob** abzubauen.

Aufgabe 44

Für alle Lebensvorgänge benötigt die Zelle Energie. Die tierische Zelle erhält die erforderliche Energie durch Umsetzung chemischer Verbindungen, die ihr mit der Nahrung zugeführt werden.

Erläutern Sie das Grundprinzip des Citratzyklus und der Atmungskette (keine Formeln)!

Bei dem **aeroben Abbau** von Brenztraubensäure zu Kohlendioxid und Wasser laufen drei hintereinandergeschaltete Vorgänge ab: **Oxidative Decarboxylierung, Citronensäurezyklus** und **Atmungskette.**

Hinweis:
Während die Glykolyse und die darauf folgenden anaeroben Prozesse im Zellplasma ablaufen, geschieht der aerobe Abbau der Brenztraubensäure in den Mitochondrien. In diesem ersten Schritt wird unter oxidativer Abspaltung von Kohlendioxid (oxidative Decarboxylierung) und unter Mitwirkung von Coenzym A **aktivierte Essigsäure** (Acetyl-Co A) gebildet. Dabei entsteht 1 mol NADH+H$^+$ pro mol Brenztraubensäure (s. Abb. 45).

Allgemeines Schema der oxidativen Decarboxylierung der Brenztraubensäure

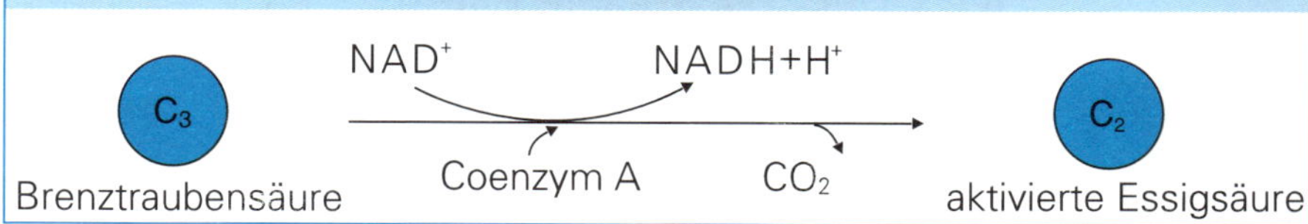

Abb. 45

Beachten Sie: Im Verlauf der Glykolyse sind aus 1 mol Glucose 2 mol Brenztraubensäure entstanden; demnach werden auch 2 mol NADH+H$^+$ bei der Bildung von 2 mol aktivierter Essigsäure freigesetzt.

Die aktivierte Essigsäure wird nun eingeschleust in den Citronensäurezyklus (s. Abb. 46).

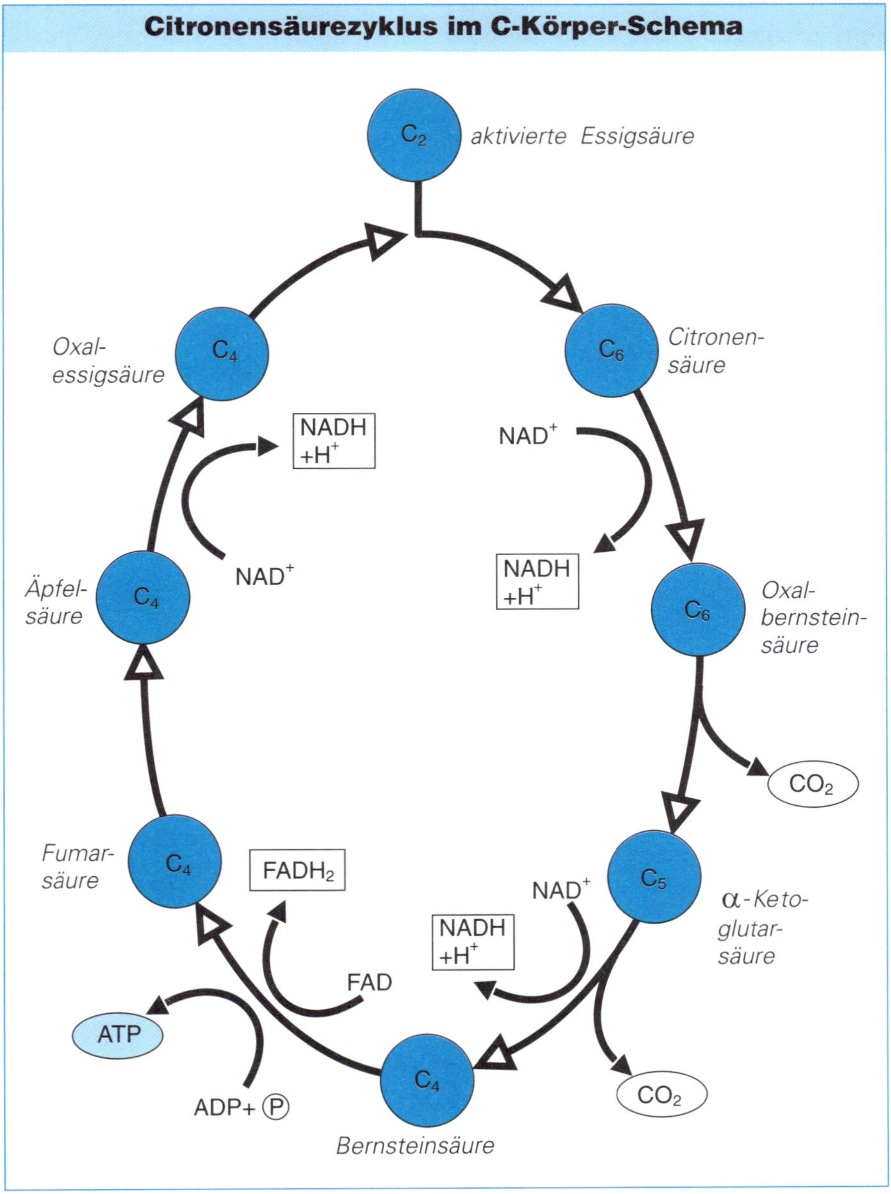

Abb. 46

Die aktivierte Essigsäure wird in diesem Kreisprozess letztlich vollständig zu Kohlendioxid abgebaut. Damit dieser Vorgang immer wieder ablaufen kann, muss das Akzeptormolekül Oxalessigsäure wieder regeneriert werden. Dies geschieht über mehrere Zwischenstufen (s. Abb. 46).

Bilanz des Citronensäurezyklus

Ausgehend von 2 mol aktivierter Essigsäure

Gewinn:
2 x 1 mol ATP
2 x 3 mol NADH + H^+
2 x 1 mol $FADH_2$

Abb. 47

Die Hauptenergieausbeute des gesamten Glucoseabbaus stammt aus der folgenden Atmungskette (s. Abb. 48):

Allgemeines Schema der Atmungskette (Endoxidation des Wasserstoffs zu Wasser)

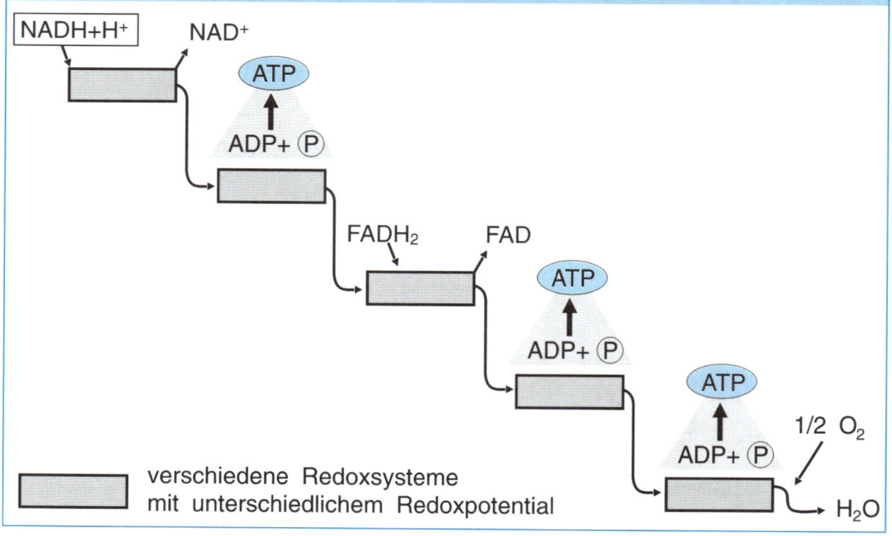

Abb. 48

Die Übertragung des im NADH+H^+ gebundenen Wasserstoffs in den verschiedenen **Redoxsystemen** ermöglicht die Freisetzung des größten Teiles der gesamten gebundenen Energie. Sie wird chemisch gespeichert bei der **Atmungskettenphosphorylierung (oxidative Phosphorylierung),** indem ATP gebildet wird.

Bilanz der Vorgänge in der Atmungskette:

- Übertragung und Oxidation des Wasserstoffs, der in $NADH+H^+$ bzw. $FADH_2$ gebunden ist
- Aufnahme und Reduktion von Sauerstoff aus der Atemluft unter Bildung von Wasser
- Gewinnung von Energieäquivalenten:
  1 mol $NADH + H^+$ → 3 mol ATP; 10 mol $NADH + H^+$ → 30 mol ATP
  1 mol $FADH_2$ → 2 mol ATP; 2 mol $FADH_2$ → 4 mol ATP

Ergänzung:

- **Energiebilanz des anaeroben Abbaus** (Milchsäure- und alkoholische Gärung): 2 mol ATP pro mol Glucose

  Bruttogleichung der Milchsäuregärung:

  $$\text{Glucose} \xrightarrow{2\,\text{ATP}} 2\ \text{Milchsäure}$$
  $$C_6 \qquad\qquad 2\,C_3$$

  Bruttogleichung der alkoholischen Gärung:

  $$\text{Glucose} \xrightarrow{2\,\text{ATP}} 2\ \text{Ethanol} + 2\ \text{Kohlendioxid}$$
  $$C_6 \qquad\qquad 2\,C_2 + 2\,CO_2$$

- **Energiebilanz des aeroben Abbaus:**

Glykolyse:	2 mol ATP pro mol Glucose
Citronensäurezyklus:	2 mol ATP pro mol Glucose
Atmungskette:	34 mol ATP pro mol Glucose
insgesamt:	38 mol ATP pro mol Glucose

  Bruttogleichung:

  $$\text{Glucose} + 6\ \text{Sauerstoff} \xrightarrow{38\,\text{ATP}} 6\ \text{Kohlendioxid} + 6\ \text{Wasser}$$
  $$C_6 + 6\,O_2 \qquad\qquad 6\,CO_2 + 6\,H_2O$$

(In der neueren Literatur werden insgesamt 36 mol ATP pro mol Glucose angegeben. Dies ist darauf zurückzuführen, dass für den Transport des in der Glykolyse entstehenden $NADH + H^+$ in die Mitochondrien Energie benötigt wird.)

- **Brenztraubensäure** ist eine wichtige Zwischensubstanz für anaerob ablaufende Gärungen und für den aeroben Abbau zu Kohlendioxid.

Ökologie

Aufgabe 45

Außer der seit etwa 100 Jahren bestehenden Kaninchenplage sehen sich die Australier jetzt einer Massenvermehrung der Zuckerrohrkröte (Bufo marinus) gegenüber.
Wissenschaftler hatten vor einem halben Jahrhundert 100 Kröten von Hawaii nach Australien bringen und auf Zuckerrohrplantagen im Nordosten aussetzen lassen, um die schädlichen Zuckerrohrkäfer zu bekämpfen. Das Verbreitungsgebiet der Kröten erstreckt sich inzwischen über 600 000 Quadratkilometer und ihre „Ausbreitungsfront" schiebt sich jährlich um 30 bis 60 Kilometer vor.

1. *Erläutern Sie die angegebene Populationsentwicklung der Zuckerrohrkröte unter Bezugnahme auf die Faktoren, die normalerweise das Wachstum natürlicher Populationen begrenzen!*

2. *Legen Sie eine Möglichkeit dar, die starke Vermehrung der Kröten einzuschränken, ohne dabei die bestehenden Ökosysteme negativ zu beeinflussen!*

Zu 1.

Die Zuckerrohrkröte kann sich nahezu unbegrenzt vermehren, da verschiedene Faktoren, die normalerweise das Wachstum natürlicher Populationen begrenzen, ausfallen bzw. unwirksam sind. Es sind dies vor allem:

Abiotische Faktoren wie das Klima (Licht, Temperatur, Feuchtigkeit, Wind etc.) oder die Bodenbeschaffenheit. Diese Faktoren begrenzen die Ausbreitung der Zuckerrohrkröte anscheinend nicht.

Biotische Faktoren: Hierzu werden vor allem die interspezifische und intraspezifische Konkurrenz und das Auftreten spezifischer Feinde und Krankheiten gezählt.

- **Interspezifische Konkurrenz:** Ernähren sich verschiedene Arten in einem gemeinsamen Lebensraum von denselben Pflanzen oder Tieren, so wird meist eine Art verdrängt, bzw. es bildet sich ein Gleichgewicht zwischen diesen Arten aus.
- **Intraspezifische Konkurrenz:** Dieser Typ der Konkurrenz wirkt innerhalb einer einzelnen Tier- oder Pflanzenart. Durch die Beschränkung

des Nahrungsangebotes und die Beanspruchung eines gewissen Territoriums wird die Entwicklung der Population eingeschränkt.

- **Spezifische Feinde und Krankheiten:** Hierzu zählen Räuber, Parasiten oder ansteckende Krankheiten.

Alle angeführten biotischen Faktoren, die das Wachstum einer Population normalerweise begrenzen, scheinen bei der Zuckerrohrkröte in Australien noch unwirksam zu sein, da diese Krötenart erst seit kurzer Zeit in diesem Land lebt. Anscheinend gibt es noch keine spezifischen Feinde. Auch das Nahrungsangebot ist entweder im Überfluss vorhanden, oder die Kröten fressen inzwischen auch andere Beutetiere. Ein biologisches Gleichgewicht konnte sich daher noch nicht einstellen.

Zu 2.

Die Zuckerrohrkröten, die in Hawaii heimisch sind, besitzen in ihrem eigentlichen Verbreitungsgebiet sicher artspezifische Feinde, spezifische Krankheitserreger oder Parasiten. Es gilt nun, diese herauszufinden und sie auf ihre Spezifität und auf ihre ökologische Unbedenklichkeit hin zu untersuchen. Sind solche wirtsspezifischen Schädlinge gefunden, müssen sie vermehrt und anschließend in den befallenen Gebieten ausgesetzt werden (weitere Beispiele zur biologischen Schädlingsbekämpfung s. Aufgabe 55).

Aufgabe 46

Auf den Balearen ist ein kleiner, dunkelbrauner Falter, der vermutlich aus Südafrika eingeschleppt wurde, mittlerweile zum häufigsten Schmetterling geworden und hat dort bereits 90 % aller Geranien befallen. Er bedroht nun auch die Geranienindustrie Spaniens. Die Larven dieser Schmetterlinge bohren sich in die Stengel der Zierpflanzen und schädigen sie dadurch.

1. *Erläutern Sie die Populationsentwicklung des Falters auf den Balearen unter Bezugnahme auf vier Faktoren, die das Wachstum natürlicher Populationen beeinflussen!*

2. *Wissenschaftler erwägen, natürliche Feinde dieser Insekten aus Afrika nach Spanien einzuführen.*
   Geben Sie die Zielrichtung dieser Maßnahme an und zeigen Sie ein Risiko bei diesem Vorgehen auf!

Zu 1.

Die Balearen bieten den Schmetterlingen zunächst günstige Lebensbedingungen, da es keine wirksame Beschränkung der Populationsdichte gibt. Wirksame, das **Populationswachstum** hemmende Faktoren sind z. B.:

- **Klimatische Verhältnisse:** Kälteeinbrüche, Hitzeperioden, Dürre, Überschwemmungen. Diese Faktoren sind **dichteunabhängig**, d. h., sie wirken regulierend auf die Zahl der Lebewesen, egal, ob wenige oder viele Individuen in einem Gebiet bereits leben.
- **Nahrungsangebot:** Ist nur wenig Nahrung verfügbar, steht davon für das einzelne Individuum umso weniger zur Verfügung, je größer die Zahl der Lebewesen in einem Gebiet ist. Die dadurch auftretende **innerartliche (intraspezifische) Konkurrenz** reguliert die Zahl der Lebewesen einer Art sehr wirkungsvoll. Konkurrieren verschiedene Tierarten um dieselbe Nahrung oder um Wasserstellen, so spricht man von **zwischenartlicher (interspezifischer) Konkurrenz**.
- **Fressfeinde:** Eine hohe Individuenzahl einer Art bewirkt normalerweise auch eine Vermehrung der Räuber, sodass die Populationsdichte verringert wird.
- **Parasiten** und **Krankheitserreger:** In natürlichen Populationen regulieren wirtsspezifische Parasiten und Krankheitserreger die Zahl der Lebewesen einer Art.

Nahrungsangebot, Fressfeinde, Parasiten und Krankheitserreger werden zu den **dichteabhängigen** Faktoren gezählt.
Auf den Balearen scheinen die klimatischen Verhältnisse für den Falter sehr günstig zu sein. Ebenso ist das Nahrungsangebot sehr groß (Geranienmonokultur), zwischenartliche Konkurrenten, spezifische Fressfeinde, Parasiten und Krankheitserreger fehlen, da der Schmetterling noch nicht lange in diesem Lebensraum existiert. Auf diese Weise kommt es zu einem **Massenauftreten** dieser Tiere, da diese dichteregulierenden Faktoren fehlen.

Zu 2.

In Afrika, dem natürlichen Lebensraum der Schmetterlinge, gibt es natürliche Feinde, die durch eine **Räuber-Beute-Beziehung** ein Überhandnehmen der Insekten verhindern. Führt man diese Feinde nun auf die Balearen ein, so sollten sie auch hier auf natürliche Weise die Schmetterlingspopulation regulieren (s. Abb. 49).

Pfeildiagramm zur Räuber-Beute-Beziehung

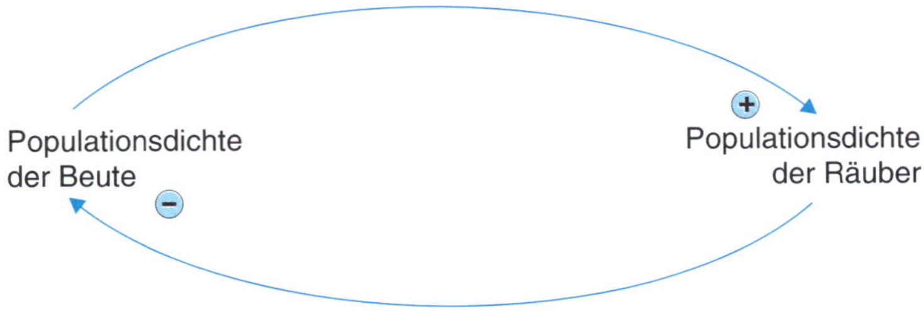

Gleichsinnigkeit	⊕	je mehr .... desto mehr je weniger .... desto weniger
Gegensinnigkeit	⊖	je mehr .... desto weniger je weniger .... desto mehr

Abb. 49

Mit der Zeit stellt sich ein **biologisches Gleichgewicht** (**ökologisches Gleichgewicht**) zwischen Räuber und Beute ein.
Sehr häufig sind die Feinde jedoch nicht nur auf eine Beute spezialisiert, sondern fressen auch andere Tiere. Die Wahrscheinlichkeit dafür, dass z. B. andere, auf den Balearen heimische Insektenarten gefressen werden, wird dann umso größer, je kleiner die Zahl der verbleibenden eingeschleppten Falter wird. Auf diese Weise können die eingeführten Lebewesen ihrerseits das biologische Gleichgewicht stören.

Aufgabe 47

An einem Waldrand werden folgende Pflanzen- und Tierarten festgestellt: Eichen, Buchen, verschiedene Sträucher, verschiedene Grasarten, Feldmäuse, Amseln, Meisen, Kaninchen, räuberische Laufkäfer, Habicht, Schmetterlingsraupen, Fuchs, Schnecken und Spitzmäuse.

1. *Ordnen Sie diese Organismen den verschiedenen Trophieebenen dieses Ökosystems zu!*

2. *Wie kommt es beim Durchlaufen der Trophieebenen zu Energieverlusten?*

Zu 1.

Die genannten Tier- und Pflanzenarten des Ökosystems Waldrand lassen sich folgenden **Trophieebenen** zuteilen:

Produzenten: Eichen, Buchen, Sträucher, Gräser

Konsumenten 1. Ordnung: Schnecken, Schmetterlingsraupen, Feldmäuse, Kaninchen

Konsumenten 2. Ordnung oder höherer Ordnung: Amseln, Meisen, räuberische Laufkäfer, Spitzmäuse, Habicht, Fuchs

Unproblematisch ist diese Einteilung bei den grünen Pflanzen. Schwierigkeiten ergeben sich dagegen bei den verschiedenen Konsumenten. Eine Amsel frisst zwar in erster Linie Insektenlarven, Schnecken und Würmer, daneben aber auch eine ganze Reihe von Beeren. Sie gehört daher verschiedenen Trophieebenen an. Ebenso müsste man eine Spitzmaus, die gerade einen Maikäfer frisst, als Konsument 2. Ordnung bezeichnen, dagegen als Konsument 3. Ordnung, wenn sie einen Laufkäfer verzehrt. Völlig verwirrend wird es schließlich beim Fuchs, den man als Konsument 1. Ordnung (Beeren), 2. Ordnung (Feldmäuse), 3. oder 4. Ordnung (Spitzmäuse) klassifizieren könnte. Falls man nicht gerade eine Energiebilanz eines Ökosystems erstellt, erfolgt die Einteilung daher meist nach der Hauptnahrungsquelle.

Zu 2.

Die Produktion von organischer Substanz und deren Verzehr durch Organismen der nächsten Trophieebene stellen einen **Energiefluss in der Nahrungskette** dar. Die Energie wird in Form von energiereichen organischen Verbindungen weitergegeben. Dabei treten unweigerlich von Stufe zu Stufe große Verluste auf:

- Ein Großteil der erzeugten **Biomasse** wird von den Organismen der nächsten Trophieebene nicht aufgenommen, z. B. werden nicht alle Pflanzen von Pflanzenfressern verzehrt.
- Ein Teil der aufgenommenen Nahrung wird ungenutzt wieder ausgeschieden (Kot, Harn).
- Ein beträchtlicher Teil der Nahrung wird zur Aufrechterhaltung der Lebensfunktionen (Zellatmung) verbraucht. Dabei geht, wie bei allen chemischen Umwandlungen, ein Teil der Energie als Wärme verloren.

Als Faustregel kann man annehmen, dass auf diese Weise nur etwa 10 % der Energie einer Trophieebene an die nächste weitergegeben wird. Ein Beispiel: Mit einer Pflanzenmasse, die einer Energiemenge von 100 000 kJ entspricht, kann nur eine geringe Biomasse von Pflanzenfressern erzeugt werden (Energiemenge 10 000 kJ), während die dazugehörige dritte Trophieebene von Fleischfressern nur noch eine Energiemenge von 1000 kJ darstellen würde (u. U. sind bis zu 2000 kJ möglich, da die Energieausbeute auf der Stufe der Fleischfresser besser ist; es treten geringere Verluste auf, da die Nahrungsstoffe besser verdaulich sind) (s. Abb. 50).

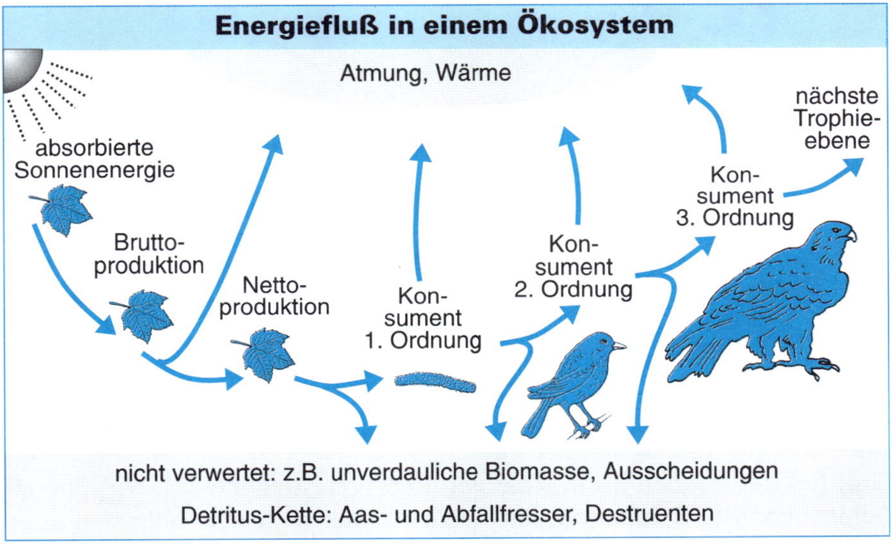

Abb. 50

Aufgabe 48

Beschreiben Sie unter Mitverwendung beschrifteter Schemazeichnungen Energiefluß und Stoffkreislauf im Ökosystem See!

Von jeder Trophieebene wird **Biomasse** an die nächste weitergegeben. Daneben fällt aber auf jeder Stufe eine große Menge von organischem Material an, das in Abfall-Nahrungsketten geht (abgestorbene Pflanzen und Tiere, Exkremente usw.). Dazu gehören verschiedene Würmer, aerobe und anaerobe Bakterien und einige Pilzarten. Die **Destruenten** bauen die organischen Stoffe letzten Endes ab bis zu anorganischen Grundstoffen wie Wasser, Kohlendioxid, Phosphat, Nitrat und Sulfat. Diese Stoffe können dann wieder von den **Produzenten** aufgenommen werden. Auf diese Weise macht also die Materie (zumindest theoretisch) einen Kreislauf durch (s. Abb. 51, S. 94).

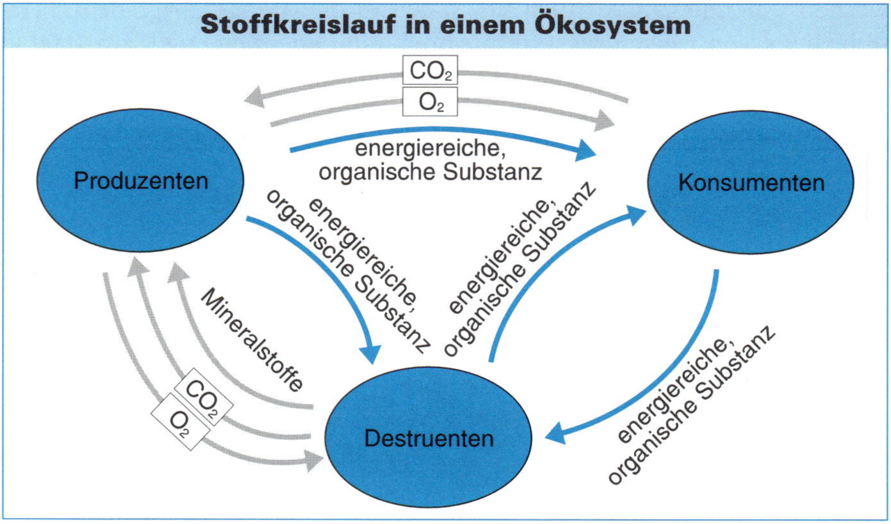

Abb. 51

Im Gegensatz zum **Kreislauf der Materie** können wir beim Energiefluss nur von einer **Einbahnstraße** sprechen. Auf jeder Trophieebene geht ein Großteil der Energie als Wärme verloren (vgl. Aufgabe 47). Alle Energie kommt von der Sonne und wird letztlich wieder in den Weltraum abgestrahlt. Der Energieverlust wird nur durch die Energiebindung in organischer Substanz für eine gewisse Zeit aufgeschoben. Bei allen nachfolgenden Dissimilationsvorgängen aber wird ein Teil der Energie wieder in Wärme umgewandelt.

Aufgabe 49

Der Bodensee ist Gegenstand zahlreicher ökologischer Untersuchungen.

Charakterisieren Sie kurz die verschiedenen Lebensräume im Ökosystem See und nennen Sie typische Organismen der einzelnen Biotope!

Seen in unseren Breiten besitzen meist klar unterscheidbare **Lebensräume**, in denen charakteristische **Lebensgemeinschaften** zu finden sind. Man unterscheidet:

Uferzone (Litoral): Das Licht reicht in diesem Bereich bis auf den Seeboden.

- **Schilfzone:** Die Pflanzen wachsen teilweise im Wasser. Hier finden sich vor allem Seggen, Binsen, Schilfrohr und Rohrkolben.
  Viele Vogelarten wie Rohrsänger, Taucher, Enten und Wasserhühner nisten und brüten in diesem geschützten Bereich, viele Fische und Wasserfrösche laichen im flachen Wasser.
- **Schwimmblattzone:** Charakteristisch sind im Boden wurzelnde Seerosen und Wasserknöterich; aber auch frei an der Wasseroberfläche schwimmende Wasserlinsen und Froschbiss lassen sich finden.
- **Unterwasserpflanzenzone:** Pflanzen dieses Bereiches, wie Wasserpest, Hornkraut, Laichkraut oder auch Armleuchteralgen, leben völlig untergetaucht. Über den Wasserspiegel erheben sich nur ihre Blüten.
  Die Unterwasserpflanzenzone ist ebenso ein bevorzugtes Laichgebiet, da Algen und Kleinkrebse als Nahrung für die Larven und Jungtiere in großer Menge vorhanden sind.

Freiwasserzone (Pelagial): Im Bereich des freien Wassers leben vornehmlich pflanzliches und tierisches Plankton und Fische. Die Lebensbedingungen werden geprägt von den Lichtverhältnissen im Wasser. So wird das Pelagial untergliedert in die obere **Nährschicht (trophogene Zone, Deckschicht, Epilimnion)**, die **Kompensationsschicht (Sprungschicht,**

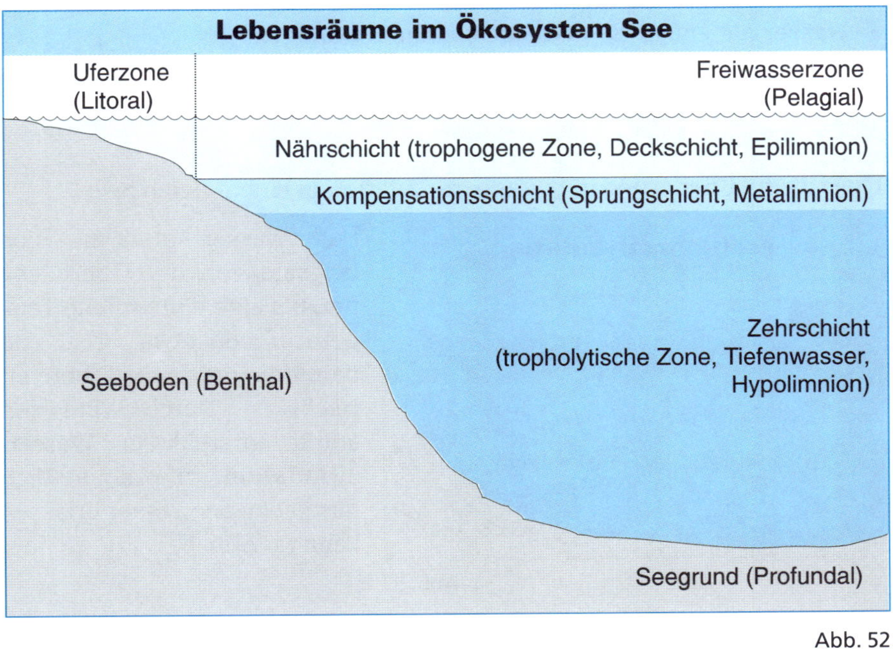

Abb. 52

Metalimnion) und die **Zehrschicht (tropholytische Zone, Tiefenwasser, Hypolimnion)**.

Seeboden (Benthal): Der Seeboden umfasst die **Uferzone (Litoral)** und den **Seegrund (Profundal).** Im Bereich des Litoral wurzeln die Wasserpflanzen. Je nach Seetiefe und Sauerstoffgehalt leben im Schlamm des Benthal Würmer, Schnecken und verschiedene Destruenten.

Aufgabe 50

Das Ökosystem „See" ist tiefgreifenden Einflüssen von Außenfaktoren ausgesetzt.

Beschreiben und skizzieren Sie jeweils die jahreszeitlich bedingten Bewegungen und Temperaturschichtungen des Wassers in einem tiefen See!

Wasser besitzt besondere physikalische Eigenschaften, die letztlich ein Leben im Wasser erst ermöglichen.

- Wasser zeigt die sog. **Dichteanomalie**: Es besitzt seine größte Dichte bei +4° C. Sowohl wärmeres als auch kälteres Wasser ist leichter, was eine Schichtenbildung ermöglicht.
- Wasser hat ein großes **Wärmespeichervermögen**.
- Die **Wärmeleitfähigkeit** von Wasser ist sehr gering, d. h. im Sommer erfolgt nahezu kein Wärmeaustausch zwischen dem Oberflächen- und Tiefenwasser in einem See.

Thermische Gliederung und Wasserzirkulation in einem tiefen See:

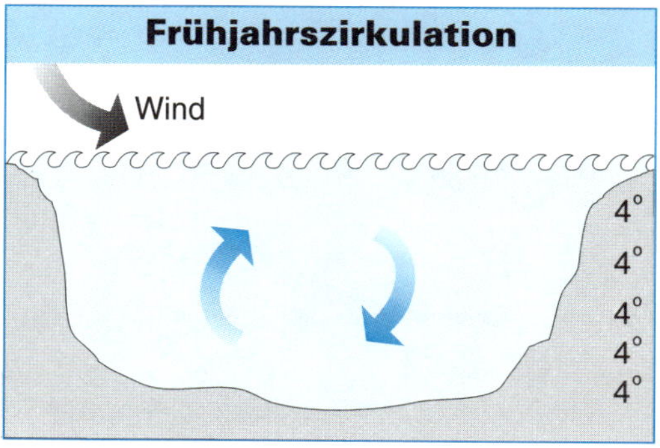

Abb. 53

Das Wasser erwärmt sich langsam von der Oberfläche her, bis eine einheitliche Temperatur von etwa +4° C und damit die maximale Dichte erreicht ist. Durch Wind verstärkt, entsteht eine **Wasserzirkulation**, die schließlich das ganze Seewasser erfassen kann (s. Abb. 53).

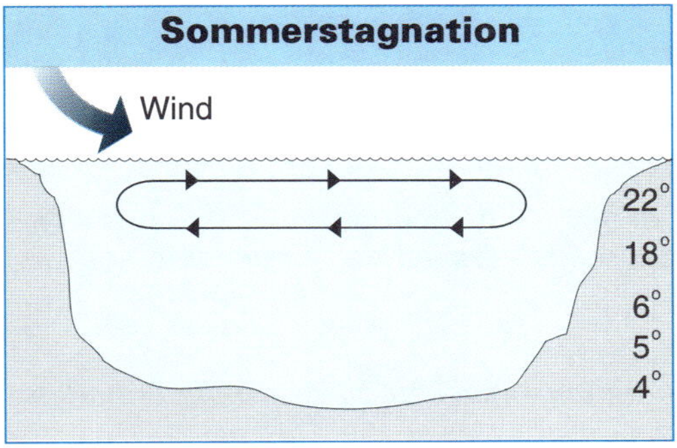

Abb. 54

Durch weitere Erwärmung der Wasseroberfläche bildet sich eine warme **Deckschicht (Epilimnion)** geringerer Dichte aus, die nahezu keinen Stoffaustausch mit den unteren Schichten (**Sprungschicht, Metalimnion** und **Tiefenschicht, Hypolimnion**) ermöglicht (s. Abb. 54).

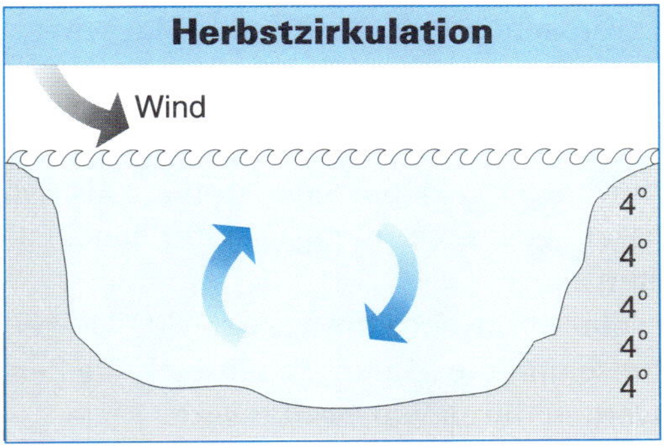

Abb. 55

Von der Oberfläche her kühlt das Wasser ab, das nun spezifisch schwerer wird und absinkt. Schließlich wird eine einheitliche Wassertemperatur von +4° C erreicht. Die Herbststürme begünstigen eine Vollzirkulation des Wassers (s. Abb. 55).

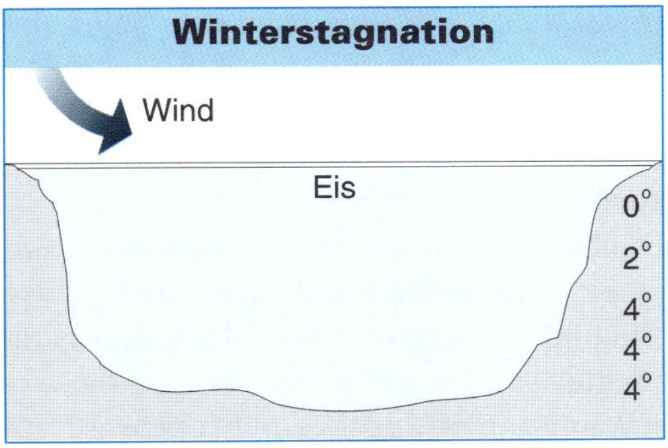

Abb. 56

Das Oberflächenwasser kühlt weiter ab, wird dadurch spezifisch leichter und verbleibt an der Oberfläche. Schließlich kann sich eine Eisdecke bilden, die auch die Einflüsse des Windes unterbindet (s. Abb. 56).

Aufgabe 51

Weite Teile der italienischen Adriaküste wurden im Sommer 1989 von einer „Algenplage“ erfasst. Als Ursache für die Massenvermehrung der Algen wurden vor allem eine überdurchschnittliche Erwärmung des Wassers, eine Überdüngung des Hinterlandes sowie mangelnde Klärung von Abwässern genannt.

Begründen Sie, wie die oben genannten Ursachen zu dem massenhaften Auftreten von Algen beitragen können!

TIPP Es werden sehr oft Fragen mit ähnlichem Inhalt gestellt. Meist wird nach den Ursachen gefragt, die zur Massenvermehrung von Pflanzen beitragen.

Erwärmung des Wassers:
Warmes Wasser nimmt wesentlich weniger gelösten Sauerstoff auf als kaltes (mit Luft gesättigtes Wasser kann bei 4° C ca. 13 mg O_2/Liter, bei 20° C nur noch ca. 9 mg O_2/Liter enthalten).
Weiterhin beschleunigt Wärme die Stoffwechselprozesse (RGT-Regel, s. Aufgabe 33) wie die Photosynthese und die Atmung; aber auch die Zersetzung und Fäulnis von Stoffen werden durch Wärme aktiviert.
Überdüngung des Hinterlandes:
Meist werden die Böden mit **Mineralsalzen** gedüngt. Sie enthalten vor allem Nitrate und Phosphate. Bei Regen wird ein großer Teil dieser Substanzen mit dem Oberflächenwasser in Bäche, Flüsse und Seen eingetragen (jedoch spielen auch Verfrachtungen durch den Wind eine Rolle). Letztlich gelangt dieser Mineralsalzeintrag in das Meer und erhöht die Konzentration an gelösten Substanzen.
Mangelnde Klärung von Abwässern:
Wird verschmutztes Wasser, das nicht oder nur ungenügend gereinigt ist, in Flüsse und Seen geleitet, so enthält es neben Mineralsalzen auch große Mengen an organischen Verunreinigungen in Form von Fäkalien, organischen Düngemitteln, Waschmitteln etc.
Alle drei Ursachen steigern die Wachstums- und Vermehrungsrate zunächst vor allem der Algen, da sie durch Wärme und Düngung bessere Bedingungen zum Leben erhalten.

Aufgabe 52

Beschreiben Sie die Vorgänge, die auf eine Massenvermehrung von Algen in einem Gewässer folgen!

Gewässer mit hoher Primärproduktion, also hoher Algenkonzentration, nennt man **eutroph**, den Vorgang der zunehmenden Produktion von organischem Material in einem Gewässer **Eutrophierung**. Mit der Eutrophierung ist eine Zunahme der Konsumenten auf den verschiedenen Trophieebenen verbunden, von den Kleinstkrebsen bis hin zu den Raubfischen.
Infolge der hohen Biomasse geht nun ein Großteil der Produktion in die Abfall-Nahrungsketten, d. h. abgestorbene Tiere und Pflanzen müssen von den **Destruenten** abgebaut werden (**aerob**, also unter Sauerstoffverbrauch). Damit sinkt der Sauerstoffgehalt im Gewässer, besonders stark in Bodennähe, weil dorthin nur bei Vollzirkulation sauerstoffreiches Oberflächenwasser gelangt. Wird der Sauerstoffmangel am Boden zu groß, setzen **anaerobe** Abbauvorgänge ein. Es kommt zur Bildung von **Faulschlamm**, da statt Nitrat Ammoniak, statt Sulfat Schwefelwasserstoff, statt Kohlendioxid Methan als Endprodukte des Abbaus entstehen. Die **biologischen Selbstreinigungskräfte** des Gewässers werden überfordert. Gelangen nun diese giftigen Stoffe in höhere Wasserschichten, kann ein Fischsterben die Folge sein. Das Gewässer **kippt um**, d. h. seine ursprüngliche Biozönose (Lebensgemeinschaft) ist völlig verändert, es existieren fast nur noch Anaerobier.
Besonders rasch stirbt ein Gewässer ab, wenn verschiedene, einzeln gerade noch tragbare Faktoren zusammenwirken. Es sind dies vor allem Niedrigwasser durch Regenarmut, erhöhte Wassertemperatur im Sommer oder durch Warmwassereinleitung (Kühlwasser), giftige Substanzen in den eingeleiteten Abwässern und Photosyntheseausfall durch absterbende Algen.

Aufgabe 53

Beschreiben Sie Prinzip und Wirkungsweise einer 3-stufigen Kläranlage!

Abwässer werden heutzutage meist in einer mechanischen und einer biologischen Reinigungsstufe, manchmal noch in einer zusätzlichen chemischen Reinigungsstufe geklärt.

Mechanische Reinigungsstufe:
Durch den **Rechen** werden nichtabsetzbare Schwebstoffe oder Treibgut entfernt, oben schwimmendes Fett nimmt ein **Fettfänger** ab. Absetzbare Schwebstoffe werden im **Sandfang** und im **Absetzbecken** (Vorklärbecken) zurückgehalten.

Biologische Reinigungsstufe:
Bei der sog. biologischen Reinigungsstufe werden gelöste organische Stoffe und Kleinlebewesen im Abwasser durch Bakterien **aerob** umgewandelt und abgebaut (z. B. in **Tropfkörpern** oder in **Belebtschlammbecken**). Dazu muss das Abwasser mit Sauerstoff angereichert werden. Dies geschieht durch Einblasen von Luft oder Sauerstoff oder durch große, sich drehende Schaufelräder, die Luft unter das Wasser mischen. Im **Nachklärbecken** setzen sich dann die restlichen Schwebstoffe und die Bakterien ab.

Der Schlamm aus den verschiedenen Becken kommt in **Faultürme**, wo er mit Hilfe von **anaeroben** Methanbakterien „ausfault". Das entstehende Methangas kann zu Heizzwecken genutzt werden. Der Schlamm wird zu Kompost verarbeitet, auf Deponien gebracht oder verbrannt.

Das so geklärte Wasser (es enthält immer noch 5–15 % organische Verunreinigungen) wird dann in den **Vorfluter** (Fluss, See) geleitet. Enthält das biologisch gereinigte Abwasser einen hohen Anteil an gelösten Phosphaten, Nitraten oder anderen Mineralsalzen, die im Vorfluter zur Eutrophierung führen oder gar eine Vergiftung der Lebewesen zur Folge haben können, so wird eine dritte Reinigungsstufe angeschlossen.

Chemische Reinigungsstufe:
Viele gelöste Mineralsalze (außer den Nitraten) können durch Zugabe von Eisen- oder Aluminiumsalzen oder durch Kalk ausgefällt werden. Der ausgefällte Schlamm wird anschließend entwässert und meist deponiert. Das nunmehr besonders gut gereinigte Wasser wird in den Vorfluter geleitet.

Durch Behandlung mit Ozon oder Chlor können Krankheitserreger abgetötet werden. Besondere Verfahren sind schließlich notwendig, um chemische Stoffe aus Industrieabwässern zu entfernen.

Aufgabe 54

1. *Zeigen Sie den wirtschaftlichen Nutzen von Monokulturen auf!*

2. *Erörtern Sie die negativen Auswirkungen, die dabei in Kauf genommen werden müssen!*

Zu 1.

Unter **Monokultur** versteht man den fortwährenden Anbau einer Pflanzenart auf immer der gleichen Anbaufläche.
Für manche Nutzpflanzen wie Wein, Ölbäume und Reis ist diese Kulturform schon sehr alt und wird recht erfolgreich betrieben. Mit dem Streben nach immer höherer Produktivität und der zunehmenden Industrialisierung der Landwirtschaft wurden auch viele andere Pflanzen in Monokultur angebaut, z. B. Weizen, Mais, Baumwolle, Kaffee, Bananen. Damit ist ein rationellerer Einsatz von Maschinen möglich; ein bestimmter Betrieb braucht nur den Maschinenpark für eine bestimmte Frucht. Monokulturen werden meist auf großen Flächen betrieben, wodurch sich ihre Wirtschaftlichkeit erhöht. (Auf Grund der kleinen Betriebsgrößen spielen daher bei uns landwirtschaftliche Monokulturen keine große Rolle.)
Die Produktivität kann allerdings nur durch einen höheren Energieeinsatz gesteigert werden. Man rechnet etwa für eine Verdoppelung des Ernteertrags mit einer Verzehnfachung des Einsatzes an Düngemitteln, Pestiziden und Energie für Maschinen.
Auch in der Forstwirtschaft haben Rationalisierungsbestrebungen zur Monokultur geführt, man denke nur an die großen Fichtenforste. Natürlich können durch Anbau einer einzigen Art maximale Erträge erreicht werden, weil junge Bäume eben schneller wachsen als alte. Der Maschineneinsatz ist in einem einheitlichen Forst ebenfalls rationeller.

Zu 2.

Monokulturen beanspruchen den Boden sehr einseitig; ohne künstliche Düngung, die diese einseitigen Mineralverluste wieder ausgleicht, sind sie überhaupt nicht durchführbar.
Schwere Orkane richten immer wieder erhebliche Waldschäden vor allem in Fichtenreinbeständen an. Als Ursachen dafür gelten neben der schlechteren Verankerung der Bäume im Erdreich, bedingt durch einseitige Bodenbeanspruchung, die gleichartige Altersstruktur der Gehölze, die vom Wind leichter angegriffen werden.

Schädlinge, die sich auf eine bestimmte Pflanzenart spezialisiert haben, können sich massenhaft vermehren und zu katastrophalen Schäden führen (vgl. Kartoffelkäfer, Borkenkäfer u. ä.). Ebenso können sich Krankheiten leichter ausbreiten. So sind Bananenpflanzungen durch eine Blatt- und eine Wurzelkrankheit derart bedroht, dass eine Pflanzung nach 5 bis 15 Jahren wieder verlegt werden muss.
Großflächige Monokulturen hinterlassen nach der Ernte riesige Areale ohne schützende Vegetationsdecke. Dadurch wird in feuchten Gebieten die Erosion durch Regenwasser, in Trockengebieten wie in den Prärien der USA die Winderosion enorm gefördert.
Wirtschaftliche und soziale Probleme im Zusammenhang mit Monokulturen, z. B. die Abhängigkeit vom Weltmarkt, sollen nur erwähnt werden, gehören aber nicht mehr zur eigentlichen Frage.

Aufgabe 55

Legen Sie dar, weshalb anstelle chemischer vor allem biologische Methoden bei der Bekämpfung von Schadinsekten an Bedeutung gewinnen müssen, und beschreiben Sie kurz drei Beispiele für biologische Bekämpfungstechniken!

Neben den offensichtlichen Vorteilen weist die **chemische Schädlingsbekämpfung** folgende **Nachteile** auf:
Breitbandwirkung: Die meisten Insektizide wirken nicht nur gegen die Schädlinge, sondern auch gegen ihre Feinde. Da sich die Feinde meist langsamer vermehren, erholt sich die Schädlingspopulation nach einer Bekämpfung schneller von der Dezimierung und es kann zu einem Massenauftreten kommen.
Das gesamte **biologische Gleichgewicht wird empfindlich gestört**. Durch den Pestizideinsatz werden außerdem die Mikroorganismen im Boden geschädigt, sodass sich die Bodenfruchtbarkeit verschlechtert.
Resistenz: Durch Mutation erwerben manche Insekten die Fähigkeit, Insektizide mit Hilfe von Enzymen zu inaktiven Substanzen abzubauen. Da alle nichtresistenten Insekten getötet werden, besteht die Population sehr bald nur noch aus resistenten. Man kennt bis heute z. B. über 300 Insektenarten, die gegen DDT resistent sind.

Rückstandsproblem: Viele Insektizide, vor allem die chlorierten Kohlenwasserstoffe wie DDT, sind schwer abzubauen und reichern sich daher in der Nahrungskette an (vgl. Aufgabe 47). Daraus ergeben sich schwerwiegende Folgen für die gesamte Biosphäre.
Unter **biologischer Schädlingsbekämpfung** versteht man die Nutzbarmachung oder Förderung von Organismen, die zur Verringerung von tierischen Schädlingen beitragen.
Das beginnt bereits mit dem Anbringen von Nistkästen für Vögel in Wald und Garten, mit dem Schutz vorhandener Tümpel als Laichplätze für Kröten und Frösche oder mit der Förderung vorhandener Nutzinsekten wie der Roten Waldameise.
In vielen Fällen werden auch **Nutzinsekten** aus anderen Erdteilen importiert, um die (meist ebenfalls importierten) Schädlinge zu dezimieren. So bekämpft man z. B. seit 1950 die San-José-Schildlaus in Obstplantagen mit einer aus den USA eingeführten Schlupfwespenart, einem spezifischen Feind.
Im Südosten der USA wurden jährlich Rinder im Wert von vielen Millionen Dollar durch die Larven der Schraubenwurmfliege getötet. Daraufhin züchtete man diese Fliege in ungeheuren Mengen, **sterilisierte** die **Männchen** durch Röntgenstrahlen und ließ sie dann frei. Da die Weibchen immer nur von einem einzigen Männchen begattet werden, das aber nun mit großer Wahrscheinlichkeit ein steriles war, führte das Verfahren durch wiederholte Anwendung in wenigen Jahren zu einer fast vollständigen Ausrottung der Fliege. Abgesehen von den enormen Kosten ist dieses Verfahren nur in abgegrenzten Biotopen durchführbar, wo praktisch kein Zuflug von außen her möglich ist. Erfolge hatte man daher auf der Insel Curacao und in Florida. Gegen viele Schmetterlingsraupen versprüht man mit großem Erfolg **Lösungen mit Bakterien**, z. B. Bacillus thuringiensis, oder **Viren**. Die Raupen erkranken und sterben in kurzer Zeit. Beim Zerfall der Kadaver werden die Krankheitserreger weiter im Biotop verbreitet.
Weitere Beispiele seien nur kurz erwähnt:
Zur Bekämpfung von Borkenkäfern werden **Sexuallockstoffe** (Pheromone) eingesetzt; in Gewächshäusern werden manchmal **Insektenhormone** versprüht, die mit spezifischer Wirkung die normale Entwicklung bestimmter Insekten stören.
Zusammenfassend lässt sich sagen, dass die **biologischen Bekämpfungsmethoden** meist **sehr artspezifisch** sind und nicht gegen die natürlichen Feinde wirken. Es gibt praktisch **keine Resistenzprobleme**, wenn man davon absieht, dass z. B. die Weibchen der Schraubenwurmfliege teilweise eine Verhaltensänderung zeigen. Sie paaren sich nämlich jetzt mit mehre-

ren Männchen, womit sich wieder die Wahrscheinlichkeit erhöht, dass sie auf ein unbehandeltes Männchen treffen. **Rückstandsprobleme entfallen** ebenfalls, da die eingesetzten Organismen nur aus biologisch abbaubaren Substanzen bestehen.

Aufgabe 56

Zeigen Sie anhand eines selbstgewählten Beispiels, wie sich die biologische Schädlingsbekämpfung auch nachteilig auf ein Ökosystem auswirken kann!

Es wäre verfehlt, biologische Schädlingsbekämpfung schon deswegen als ungefährlich anzusehen, weil sie „natürlich" ist.
So können eingeführte Nutzinsekten durch Konkurrenz einheimische Nutzinsekten verdrängen. Bisher in Grenzen gehaltene Schädlinge könnten sich daraufhin stark vermehren. Dazu ein Beispiel aus dem Bereich der Wirbeltiere: Als eingeschleppte Ratten in den Zuckerrohrplantagen Jamaicas zu großen Schaden anrichteten, führte man 1872 aus Indien Mungos ein, die die Ratten tatsächlich stark dezimierten. Daraufhin wandten sich die Mungos anderen einheimischen Tieren zu und rotteten unter anderem eine Eidechsenart aus, die sich vorwiegend von Engerlingen ernährte. Es kam zu Massenvermehrungen der Maikäfer. Statt durch Ratten wurde nun das Zuckerrohr durch Engerlinge vernichtet.
Auch die in Aufgabe 45 beschriebene Massenvermehrung der Zuckerrohrkröte in Australien ist ein Beispiel für eine misslungene biologische Schädlingsbekämpfung.
Welche Folgen ein breiter Einsatz von Bakterien oder Viren hat, ist noch nicht abzusehen. Ein gewisses Misstrauen gegenüber der absoluten „Ungefährlichkeit" ist bei der bekannten Mutationshäufigkeit dieser Organismen sicher berechtigt. Außerdem sind die eingesetzten Bakterien nicht streng artspezifisch, können also ähnliche Breitbandwirkungen haben wie Insektizide.

Neurophysiologie

Aufgabe 57

Zeichnen und beschriften Sie eine Nervenzelle mit markhaltigem Axon!

Nervenzellen mit markhaltigem Axon sind typische Wirbeltierneuronen. Das Axon ist von **Schwannschen Zellen** mehrfach umwickelt. Dadurch bildet sich eine isolierende Hülle, die etwa alle 1 bis 3 mm für 1 µm unterbrochen ist (**Ranviersche Schnürringe**) (s. Abb. 57).

Nervenzelle mit markhaltigem Axon

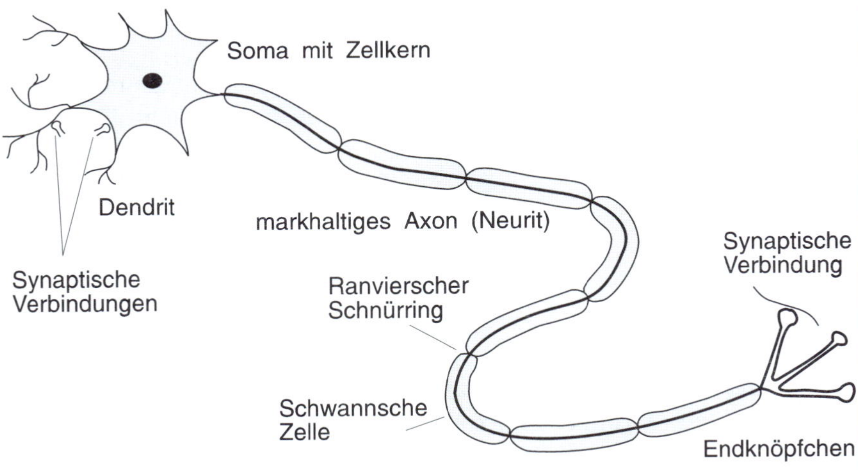

Abb. 57

Aufgabe 58

Im Laufe der Embryonalentwicklung entstehen bei allen Wirbeltieren aus dem Neuralrohr das Rückenmark und fünf Gehirnabschnitte.

Nennen Sie die fünf wesentlichen Abschnitte des menschlichen Gehirns und sprechen Sie jeweils eine wichtige Funktion an!

Das menschliche Gehirn lässt sich in fünf wesentliche Abschnitte untergliedern: Groß-, Klein-, Zwischen-, Mittel- und Nachhirn (verlängertes Mark). Mittel- und Nachhirn sowie die dazwischenliegende Brücke werden als Stammhirn zusammengefasst.
Funktionen der einzelnen Gehirnabschnitte:

1. Großhirn

Die **Großhirnrinde,** die graue Substanz, ist stark gefaltet und enthält die überwiegende Zahl der Zellkörper. Im darunterliegenden **Großhirnmark** befinden sich vornehmlich die zugehörigen Nervenfasern. Im Großhirn befinden sich die Zentren für Wahrnehmung, Gedächtnis und Denken. Es ist der Sitz von Intelligenz, Bewusstsein und Persönlichkeit. Die einzelnen Funktionen sind bestimmten Rindenfeldern zugeordnet:
Motorische Rindenfelder: Steuerung aller willkürlichen Bewegungen, z. B. motorisches Sprachzentrum;
Sensorische Rindenfelder: Analyse der von den Sinnesorganen ankommenden Erregungen, z. B. sensorisches Sprachzentrum;
Assoziations-Rindenfelder: Verknüpfung von gespeicherten motorischen und sensorischen Informationen, z. B. Zentren für Gedächtnisleistungen und Denkvorgänge.

2. Kleinhirn

Das Kleinhirn dient der Bewegungskoordination, der Erhaltung des Gleichgewichtes und steuert zusammen mit dem Großhirn den Ablauf feinmotorischer Bewegungen.

3. Zwischenhirn

Im Zwischenhirn laufen Informationen aller Sinneszellen ein; hier wird entschieden, ob eine Weiterleitung an das Großhirn erfolgt.
Es ist das übergeordnete Zentrum des vegetativen Nervensystems und die Steuerzentrale des Hormonhaushaltes (Hypophyse, Hirnanhangdrüse); außerdem werden hier Beziehungen zwischen Nerven- und Hormonsystem hergestellt. Weiterhin werden lebenswichtige Körperfunktionen gesteuert (Körpertemperatur, Stoffwechsel, Wasserhaushalt, Wach-Schlaf-Rhythmus).

4. Mittelhirn

In diesem Bereich des Gehirns werden optische und akustische Informationen verschaltet; auch werden wichtige Reflexe im Bereich der Augen und Ohren gesteuert.

5. Nachhirn

Das Nachhirn stellt eine Schaltstelle für zahlreiche Reflexbögen dar (z. B. Saug-, Schluck-, Nies- oder Hustenreflex). Es steuert die Tätigkeit innerer Organe wie Atmung, Kreislauf und Verdauung.

Aufgabe 59

Das autonome Nervensystem steuert die Funktion der inneren Organe und ist durch den Willen weitgehend unbeeinflussbar.

Benennen Sie die beiden Teilbereiche dieses Nervensystems und stellen Sie ihre grundlegende Wirkungsweise unter Einbeziehung von zwei inneren Organen dar!

Das Nervensystem teilt man ein in **Zentralnervensystem** (Gehirn und Rückenmark) und **peripheres Nervensystem**. Zum peripheren Nervensystem gehören das **somatische Nervensystem** (innerviert die Sinnesorgane und die Muskulatur) und das **vegetative Nervensystem**, das die inneren Organe versorgt.

Die Zellkörper der efferenten Nervenzellen des vegetativen Nervensystems liegen in Ganglien außerhalb des Zentralnervensystems. Man unterscheidet bei diesem efferenten Teil zwei Bereiche: den **Sympathikus** und den **Parasympathikus**.

Die Ganglien des sympathischen Nervensystems findet man zu beiden Seiten der Wirbelsäule angeordnet, die Ganglien des parasympathischen Systems sind dagegen im gesamten Bereich der inneren Organe verstreut. Fast alle Organe werden von Neuronen aus beiden vegetativen Systemen versorgt, deren Wirkung immer **antagonistisch** ist.

Wirkungsweise des Sympathikus:

- Förderung der Leistung von Organen, die in Belastungssituationen besonders gefordert sind, z. B. Erhöhung von Herzfrequenz und Blutdruck.
- Hemmung von Organfunktionen, die eine Höchstleistung des Körpers in diesen Situationen beeinträchtigen, z. B. Verlangsamung der Verdauungstätigkeit von Magen und Darm.

Wirkungsweise des Parasympathikus:

- Förderung der Erholung des Organismus durch Aktivierung von Organsystemen, die der Erhaltung bzw. Regeneration von Körperreserven dienen, z. B. Erhöhung der Verdauungsleistung von Magen und Darm.
- Hemmung der Tätigkeit von Organen, die im Zustand hoher Leistungsbereitschaft aktiv sind, z. B. Senkung von Herzfrequenz und Blutdruck.

Aufgabe 60

Erläutern Sie ausgehend von der Ionenverteilung an der Membran einer unerregten Nervenfaser Zustandekommen und Aufrechterhaltung des Ruhepotentials!

Sticht man mit einer Mikroelektrode in das Axon ein, so kann man zwischen ihr und einer Vergleichselektrode, die außerhalb liegt, eine Potentialdifferenz messen. Sie beträgt zwischen –55 und –100 mV und wird **Ruhepotential** genannt. Das Zellinnere ist dabei negativ gegenüber dem Außenmedium geladen.

Für eine bestimmte Nervenfaser hat das Ruhepotential immer den gleichen Wert. Nach der **Ionentheorie** entsteht das Ruhepotential durch die **unterschiedliche Diffusion von Ionen** durch die Membran. Innerhalb der Zelle finden sich vorwiegend Kaliumionen und organische Anionen, außerhalb der Zelle vorwiegend Natrium- und Chloridionen. Die Zellmembran ist gut für K^+ und Cl^- permeabel, schlecht dagegen für Na^+. Für die organischen Anionen in der Zelle ist die Membran impermeabel.

Diese **selektive Permeabilität** wird nach neueren Untersuchungen folgendermaßen erklärt: In der Zellmembran befinden sich „Kanäle" für Kaliumionen und für Natriumionen. Viele **Kalium(ionen)kanäle** sind normalerweise **ständig offen**, alle **Natrium(ionen)kanäle** sind im Ruhezustand **geschlossen**. Die Kaliumionen können daher entsprechend ihrem Konzentrationsgefälle von innen nach außen durch die Kanäle diffundieren. Innen bleiben die negativ geladenen organischen Anionen zurück. Dadurch lädt sich die **Membran an der Außenseite positiv**, an der **Innenseite negativ** auf.

Je mehr Kaliumionen nach außen wandern, desto stärker wird dieser Ladungsunterschied. Die Kaliumionen werden zwar vom Konzentrationsdruck gegen die positive Ladung nach außen gedrängt, andererseits werden sie von der negativen Ladung auf der Innenseite zurückgezogen. Im Gleichgewichtszustand wandern genauso viele Kaliumionen nach außen wie nach innen. Die dabei herrschende Potentialdifferenz ist das Ruhepotential.

Die Membran ist nicht absolut undurchlässig für Natriumionen. Sie können nämlich in geringem Maß durch die ständig offenen Kaliumkanäle in das Zellinnere gelangen. Diese Erscheinung nennt man **„Natriumleckstrom"**. Mit ihrer positiven Ladung würden die Natriumionen allmählich die negative Ladung der Membraninnenseite aufheben. Daher existieren in der Membran bestimmte Proteinmoleküle, die unter Energieaufwand Natriumionen wieder nach außen „pumpen".

Gleichzeitig befördern diese „Pumpen" Kaliumionen nach innen. Dadurch wird der Energieaufwand geringer, weil nur noch das Konzentrationsgefälle überwunden, nicht aber noch zusätzliche Arbeit gegen die Ladung verrichtet werden muss. Für die positiven Natriumionen, die auf die positiv geladene Außenseite gebracht werden, gelangen nämlich positive Kaliumionen nach innen. Diese **Kalium-Natrium-Pumpe** sorgt also dafür, dass das spezifische Ruhepotential einer Nervenzelle konstant bleibt und nicht durch den „Natriumleckstrom" allmählich aufgehoben wird. Sie erzeugt und erhält die großen Konzentrationsunterschiede der Kationen auf beiden Seiten der Membran.

Aufgabe 61

Am frei präparierten Riesenaxon lässt sich über längere Zeit immer das gleiche Ruhepotential messen. Bei Abwesenheit von Sauerstoff und ansonsten gleichen Versuchsbedingungen sinkt die Potentialdifferenz innerhalb relativ kurzer Zeit.

Geben Sie hierfür eine Erklärung!

Wie bereits bei Aufgabe 60 beschrieben, wird durch die Tätigkeit der **Kalium-Natrium-Pumpe** das Ruhepotential aufrechterhalten. Für diese Tätigkeit **benötigt** sie **ständig Energie in Form von ATP**.
ATP wird in erster Linie in den Mitochondrien bei der Veratmung von Glucose zu CO_2 und Wasser bereitgestellt. Dafür ist aber Sauerstoff erforderlich. Ohne Sauerstoff gibt es keine ATP-Bildung in der Atmungskette, also können auch die Kalium-Natrium-Pumpen in der Zellmembran nicht mehr arbeiten. Der ständige Leckstrom von Natriumionen nach innen wird daher nicht mehr ausgeglichen. Das Axoninnere wird durch die eindringenden positiven Natriumionen immer weniger negativ geladen, die Potentialdifferenz zur Außenseite wird immer geringer. Kaliumionen können nun auch leichter nach außen diffundieren, schließlich werden die Ionenkonzentrationen innen und außen ausgeglichen. Damit ist die Ursache für das Ruhepotential beseitigt.

Ergänzung:
Stärkere Temperaturerniedrigung hemmt die Tätigkeit der Kalium-Natrium-Pumpe, da es sich dabei um temperaturabhängige biochemische Prozesse handelt. Die Diffusionsvorgänge werden durch Temperaturände-

rung kaum beeinflusst. Der „Natriumleckstrom“ bleibt daher gleich, während der aktive Transport von Natriumionen nach außen vermindert ist. Einige Gifte wie Blausäure und andere Cyanide blockieren die Atmungskette. Wenn hier der Elektronentransport gestoppt wird, kann kein ATP mehr gebildet werden. Die Folgen sind damit die gleichen wie bei Sauerstoffmangel.

Aufgabe 62

Welche Wirkung auf das Ruhepotential hat eine experimentelle Erhöhung der Kaliumkonzentration im Außenmedium?
Begründen Sie Ihre Aussage!

Die Veränderungen im Ruhepotential ergeben sich als Folge der veränderten Ionenkonzentrationen. Im Normalzustand ist die Konzentration der Kaliumionen im Zellinneren wesentlich höher als außen. Je höher nun durch die Salzzugabe die Konzentration an Kaliumionen im Außenmedium wird, desto mehr wird ihr Ausdiffundieren aus der Zelle erschwert. Das Ruhepotential wird daher weniger negativ. Bei gleich hoher Konzentration innen und außen gibt es letztlich keine Potentialdifferenz mehr.

Ergänzung:
Was bedeutet „experimentelle Erhöhung der Kaliumkonzentration“? Exakt müsste man natürlich von einer Konzentration an Kaliumionen sprechen. Da es isolierte Kaliumionen nicht gibt, kann man nur ein Salz zugeben, das Kaliumionen enthält, z. B. Kaliumnitrat. Die Anionen bleiben für die weiteren Überlegungen außer Betracht.

TIPP Überlegen Sie sich jeweils mögliche Auswirkungen auf das Ruhe- oder Aktionspotential:

- Erhöhung oder Erniedrigung der Kaliumionenkonzentration im Innen- oder Außenmedium eines Axons,
- Erhöhung oder Erniedrigung der Natriumionenkonzentration im Innen- oder Außenmedium eines Axons,
- Zugabe von destilliertem Wasser zum Außenmedium (Folgen für die Ionenverteilung zu beiden Seiten der Nervenmembran).

Aufgabe 63

Durch einen überschwelligen Reiz wird an einem markhaltigen Axon ein Aktionspotential ausgelöst.

Stellen Sie in einem beschrifteten Diagramm den typischen Ablauf eines Aktionspotentials dar und erklären Sie den Kurvenverlauf!

Zeitlicher Verlauf eines Aktionspotentials

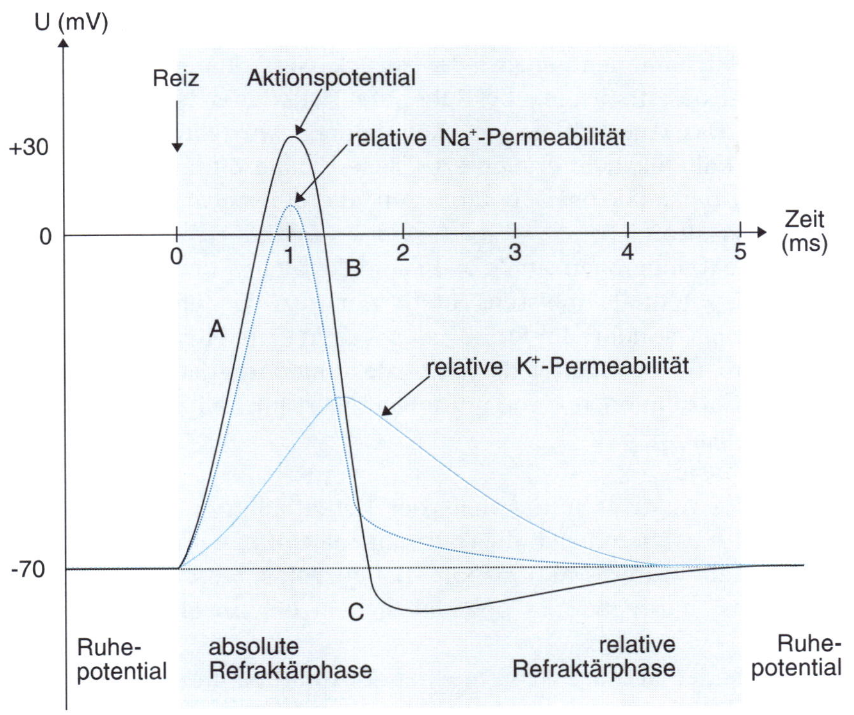

Abb. 58

Depolarisation und Potentialumkehr (A):
In der Zellmembran des Axons gibt es neben den ständig offenen Kaliumkanälen andere Kanäle für Kalium- und Natriumionen, deren Öffnung abhängig vom Membranpotential ist. Beim Ruhepotential sind diese Kanäle geschlossen.
Ein überschwelliger Reiz führt zu einer Depolarisation der Membran. Sinkt dadurch das Ruhepotential auf einen bestimmten Schwellenwert, so

öffnen sich die Natriumionenkanäle. Die Membran wird für die Natriumionen permeabel. Natriumionen können entsprechend dem Ladungs- und Konzentrationsgefälle ins Axoninnere einströmen. Dadurch erhöht sich die Depolarisation, und dies erhöht die Na^+-Permeabilität weiter. Dieser Aufschaukelungsprozess führt zu einem explosionsartigen Einstrom von Natriumionen, das Potential an der Membran kehrt sich um. Dies ist die Anstiegsphase des Aktionspotentials.

Repolarisation (B):
Würden die Natriumkanäle offen bleiben, so wären in kürzester Zeit die Ionenkonzentrationen ausgeglichen. Dies ist aber nicht der Fall. Nach etwa 1 ms beginnen sich die Natriumkanäle zu schließen und die Permeabilität für Natriumionen geht wieder zurück. Nun können ausströmende Kaliumionen das ursprüngliche Ruhepotential wieder herstellen (Repolarisation). Das Ausströmen der Kaliumionen wird durch spannungsgesteuerte Kaliumkanäle erleichtert. Diese Kanäle öffnen sich genau so wie die Natriumkanäle bei Depolarisation, allerdings etwas langsamer.

Hyperpolarisation (C):
Weil so viele Kaliumionenkanäle offen sind, kommt es bei der Abfallphase des Aktionspotentials meistens nicht nur zur Wiederherstellung des Ruhepotentials, sondern für kurze Zeit sogar zu einer Hyperpolarisation.
Danach wird nun endgültig das normale Ruhepotential eingestellt. Die Kanäle für Natriumionen – und etwas verzögert für Kaliumionen – schließen sich vollständig.

Refraktärphase:
Während des Anstiegs und Abfalls der Potentialkurve für das Aktionspotential, d. h. während sich die Natriumkanäle öffnen und wieder schließen, kann kein weiteres Aktionspotential ausgelöst werden. Das Axon ist für ca. 2 ms unerregbar. Es befindet sich in der **absoluten Refraktärphase**.
Danach befindet sich das Axon in einem Zustand verminderter Erregbarkeit, der **relativen Refraktärphase**. In diesem Zeitraum (ca. 3 ms) kann durch einen Reiz erneut ein Aktionspotential ausgelöst werden, allerdings mit verminderter Amplitude.

Kalium-Natrium-Pumpe:
Die Kalium-Natrium-Pumpe (vgl. Aufgabe 60) transportiert Kaliumionen nach innen und Natriumionen nach außen; so sorgt sie langfristig dafür, dass die Ausgangskonzentration an Kaliumionen innerhalb und an Natriumionen außerhalb des Axons wiederhergestellt und während des unerregten Zustandes aufrechterhalten wird.

Aufgabe 64

Vergleichen Sie unter Mitverwendung von beschrifteten Skizzen die saltatorische und die kontinuierliche Erregungsleitung an Axonen!

Kontinuierliche Erregungsleitung bei marklosen Nervenfasern:
Bei den marklosen Nervenfasern breitet sich ein Aktionspotential elektrotonisch, d. h. mit exponentiell abnehmender Intensität, über die benachbarten Membranbezirke aus. Der starke Einstrom von Natriumionen an der Stelle des Aktionspotentials führt zur Ausbildung von Strömen entlang des Axons, die die benachbarten Regionen ebenfalls depolarisieren. Dadurch öffnen sich auch hier die spannungsgesteuerten Natriumkanäle, und es entsteht ein Aktionspotential. Auf diese Weise läuft das Aktionspotential kontinuierlich über das Axon.
Je größer der Querschnitt des Axons ist, desto geringer ist der Plasmawiderstand, desto mehr Strom kann in der Zeiteinheit fließen. Axone mit größerem Durchmesser leiten daher Aktionspotentiale schneller als solche mit geringerem Durchmesser.
Saltatorische Erregungsleitung bei markhaltigen Nervenfasern:
Die markhaltigen Nervenfasern sind von Schwannschen Zellen mehrfach umwickelt. Dadurch bildet sich eine isolierende Hülle, die **Myelinscheide**, die etwa alle 1 bis 3 mm für 1 µm unterbrochen ist (Ranviersche Schnürringe).
Natriumkanäle finden sich praktisch nur im Bereich der Schnürringe. Nur in diesem Bereich hat die Axonmembran Kontakt mit der extrazellulären Flüssigkeit.
Die Strömchen, die von einem erregten Schnürring ausgehen, können die isolierten Stellen nicht depolarisieren, sondern erst die freie Membran mit den Natriumkanälen am nächsten Schnürring. Die Erregung breitet sich also nicht kontinuierlich aus wie bei den marklosen Fasern, sondern springt von Schnürring zu Schnürring. Man spricht daher von **saltatorischer Erregungsleitung** (s. Abb. 59).
Bei der saltatorischen Erregungsleitung wird der größte Teil des Wegs praktisch ohne Zeitverzögerung durch elektrische Leitung innerhalb des Axons zurückgelegt. Da nur zur Depolarisation der Schnürringe Zeit benötigt wird und diese weniger als ein Promille der Axonlänge ausmachen, pflanzt sich die Erregung mit sehr hoher Geschwindigkeit fort.
Dadurch kann der Axondurchmesser sehr klein gehalten werden. Schon eine etwa 4 µm starke markhaltige Faser bei der Katze kann eine Leitungs-

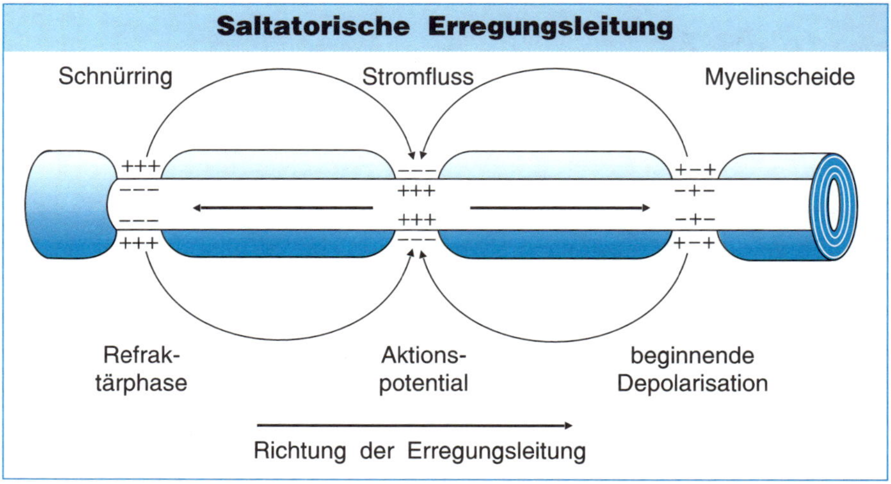

Abb. 59

geschwindigkeit von 20 m/s erreichen. Mit zunehmendem Faserquerschnitt steigt natürlich auch bei markhaltigen Fasern die Leitungsgeschwindigkeit, bis zu einem Maximum von etwa 100 m/s.

Aufgabe 65

Erklären Sie, warum sich der Typus der markhaltigen Nervenfaser in der Evolution der Wirbeltiere durchgesetzt hat!

Wie in Aufgabe 64 dargestellt wurde, steigt die Geschwindigkeit der Erregungsleitung in einem Axon mit zunehmendem Axondurchmesser. Wirbellose Tiere mit marklosen Fasern brauchen daher für schnelle Reaktionen **Riesenaxone**. So wird z. B. die rasche Fluchtbewegung des Tintenfisches durch einige Riesenaxone mit einem Durchmesser von über 0,5 mm gesteuert. Auch der Regenwurm hat in seinem Bauchmark einige längs verlaufende Riesenaxone für schnelle Reaktionen.
Soll nun aber eine Vielzahl von Informationen weitergeleitet werden, so stellt die Entwicklung von Riesenaxonen keine Lösung dar. Der Sehnerv des Menschen müsste 25 cm Durchmesser haben, wenn die eine Million Nervenfasern aus Riesenaxonen bestünden. Die Entwicklung von markhaltigen Nervenfasern mit saltatorischer Erregungsleitung ermöglichte dagegen bei wesentlich geringerem Axondurchmesser noch höhere Lei-

tungsgeschwindigkeiten. Die Entwicklung immer komplexerer Nervensysteme bei den Wirbeltieren war daher zwangsläufig mit der Entwicklung von markhaltigen Nervenfasern verbunden.

Aufgabe 66

Die Erregungsübertragung von Nerven- auf Muskelfasern erfolgt an neuromuskulären Synapsen.

Stellen Sie unter Mitverwendung einer beschrifteten Schemazeichnung den Mechanismus für diese Art der Erregungsleitung dar!

An der Oberfläche des Skelettmuskels verzweigt sich das Ende eines Motoaxons in viele Äste, die in flachen Einfaltungen der Muskelfasern liegen. Die Endigungen sind mit vielen **synaptischen Bläschen** gefüllt, in denen **Acetylcholin** gespeichert ist (s. Abb. 60). Acetylcholin ist ein Ester aus Essigsäure und Cholin.

Neuromuskuläre Synapse

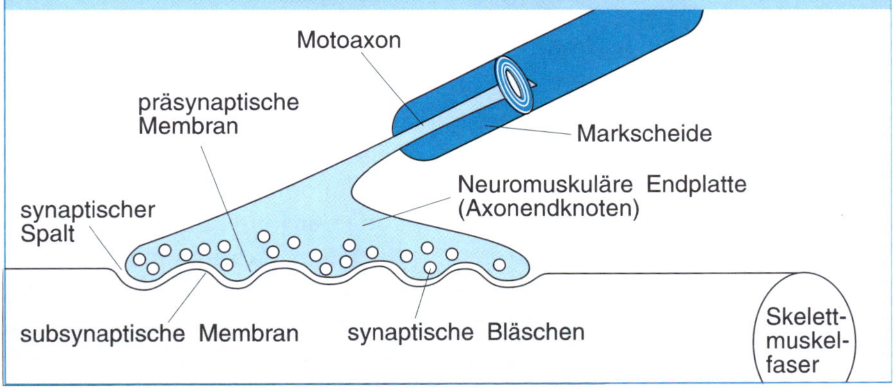

Abb. 60

Trifft im Axonendknoten ein **Aktionspotential** ein, so öffnen sich infolge der Depolarisation spannungsgesteuerte Calciumkanäle und Calciumionen strömen in das Axonende. Die erhöhte Calciumionenkonzentration begünstigt das Verschmelzen von synaptischen Bläschen mit der präsynaptischen Membran. Dabei wird der Bläscheninhalt, nämlich das Acetylcholin, in den **synaptischen Spalt** ausgeschüttet (s. Abb. 61, S. 116).

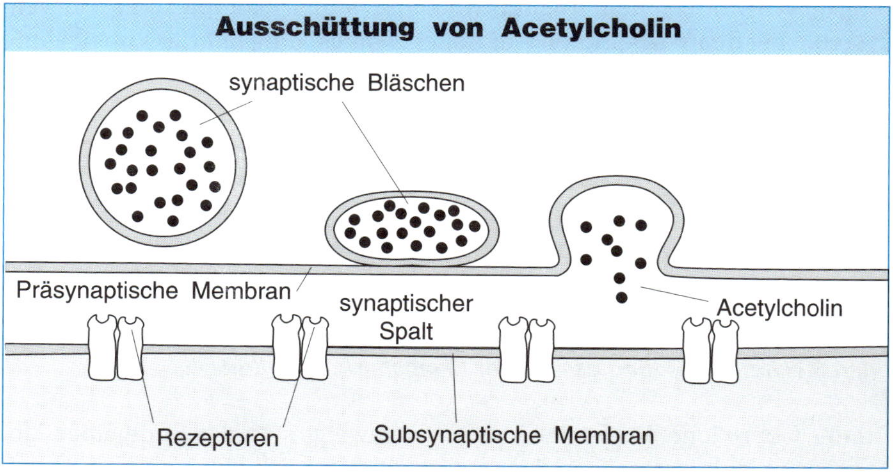

Abb. 61

Das **Acetylcholin** diffundiert innerhalb weniger Mikrosekunden durch den synaptischen Spalt und reagiert mit **Rezeptoren** an der **subsynaptischen Membran**. Diese Acetylcholinrezeptoren sind Bestandteil von Ionenkanälen, deren Öffnung durch die Anlagerung von Acetylcholin erreicht wird.

Jeder Kanal besteht aus fünf Proteinketten, die zu einer röhrenförmigen Struktur zusammengelagert sind. An zwei der Ketten bindet sich je ein Acetylcholinmolekül. Dadurch verändert sich die Form des Kanals, er geht von einer geschlossenen in eine offene Form über und wird durchlässig für kleine Ionen wie Natrium- und Kaliumionen.

Bei der gegebenen Konzentrationsverteilung der Ionen und dem gegebenen Ruhepotential strömen daraufhin vor allem Natriumionen nach innen. (Begründung: Die Natriumionenkonzentration ist innen viel niedriger als außen, außerdem ist die Membran innen negativ geladen, also wird Na^+ nach innen gezogen. Die Kaliumionenkonzentration außen ist zwar niedriger als innen, aber das Ausströmen von K^+ wird durch die positive Ladung der Membranaußenseite behindert.)

Insgesamt ergibt sich daraus eine **Depolarisation** der subsynaptischen Membran (Endplattenpotential), die sich über den Synapsenbereich hinaus ausbreitet. Außerhalb der Synapse gibt es wieder spannungsgesteuerte Natriumkanäle, die bei entsprechender Depolarisation mit der Ausbildung von Aktionspotentialen reagieren. In diesem Fall handelt es sich um Muskelaktionspotentiale, damit kommt es zur Kontraktion der Muskelfaser.

Die Höhe der Depolarisation hängt von der ausgeschütteten Transmittermenge ab und diese wiederum von der Amplitude des im Axonendknoten einlaufenden Aktionspotentials. Im Normalfall sind die Endplattenpotentiale immer weit überschwellig, sodass in jedem Fall ein Muskelaktionspotential ausgelöst wird.

Die Öffnung der chemisch gesteuerten Ionenkanäle hält weniger als 0,5 ms an, da die gebundenen Acetylcholinmoleküle durch das Enzym **Cholinesterase** innerhalb kürzester Zeit in die Bestandteile **Essigsäure** und **Cholin** gespalten und damit vom Rezeptor entfernt werden. Die Spaltprodukte werden von der präsynaptischen Membran wieder aufgenommen, erneut zu Acetylcholin zusammengesetzt und in den synaptischen Bläschen gespeichert.

Diesen Synapsentyp bezeichnet man als **chemische Synapse**, da die Erregungsübertragung durch einen chemischen Botenstoff (**Transmitter**) vor sich geht. Die Übertragung ist nur in einer Richtung möglich, da auf der präsynaptischen Seite keine Rezeptoren existieren und die subsynaptische Seite keinen Transmitter ausschüttet.

TIPP Prägen Sie sich die Vorgänge an der Synapse besonders gut ein. Fragen zu diesem Thema sind besonders häufig! Gerne sind sie mit Fragen zur Beeinflussung der Erregungsübertragung kombiniert.

Aufgabe 67

Durch die Kenntnis der Erregungsübertragung an der neuromuskulären Synapse lassen sich heute die Wirkungen bestimmter Gifte auf den menschlichen Körper besser verstehen.

1. *Für die nachstehenden Gifte sind jeweils folgende primäre Wirkungen nachgewiesen:*
   Tetrodotoxin: Blockierung der Membranporen für Natriumionen
   Botulinustoxin: Hemmung der Freisetzung von Acetylcholin
   Prostigmin: reversible Blockierung der Cholinesterase
   E 605: irreversible Blockierung der Cholinesterase.
   Erklären Sie jeweils kurz, welche Folgen eine Anwendung dieser Gifte für die Erregungsübertragung und die Muskelkontraktion hat!

2. *Das Pfeilgift Curare reagiert reversibel mit den Rezeptormolekülen der subsynaptischen Membran, d. h. es kann von ähnlich gebauten Molekülen verdrängt werden. Curare ähnelt in seinem Bau dem Acetylcholin, kann aber im Gegensatz zu diesem die Membran nicht depolarisieren. Erläutern Sie, welcher der unter 1. genannten Stoffe als Gegenmittel bei einer Curarevergiftung erfolgreich eingesetzt werden kann!*

Zu 1.

Tetrodotoxin, das Gift des Fugu- oder Kugelfisches, bindet sich spezifisch an das Protein der spannungsgesteuerten Natriumkanäle am Axon und verschließt sie. Damit können keine Na^+-Ionen in das Axon einströmen, d. h. es können keine Aktionspotentiale weitergeleitet werden. An den neuromuskulären Synapsen läuft keine Erregung ein, die Muskulatur bleibt schlaff und gelähmt.

Das Gift der **Botulinusbakterien** („Fleischvergiftung") hemmt die Freisetzung von Acetylcholin aus den synaptischen Bläschen, die Weiterleitung der Erregung wird dadurch blockiert. Es kommt ebenfalls zu keiner Muskelkontraktion, die Muskulatur bleibt schlaff und gelähmt.

Prostigmin bindet sich an das aktive Zentrum des Enzyms Cholinesterase und wird nur sehr langsam wieder abgespalten. Das Enzym steht daher nicht zur Spaltung von Acetylcholin zur Verfügung. Acetylcholin bleibt länger im synaptischen Spalt, es können mehr chemisch gesteuerte Ionenkanäle geöffnet werden. In geringen Dosen fördert Prostigmin also die Erregungsübertragung, was sich allerdings bis zu Dauerkontraktionen der Muskulatur und damit zu Krämpfen steigern kann. Bei höheren Dosen bleibt Acetylcholin zu lange an den Rezeptorkanälen, sodass diese in eine inaktive, geschlossene Form übergehen. Die weitere Erregungsübertragung ist damit unterbunden, es kommt zur Erschlaffung der Muskulatur.

E 605 ist eine organische Phosphorverbindung, die als Insektizid verwendet wird. Ähnliche Phosphorverbindungen sind die berüchtigten Nervengase Sarin und Tabun. Alle diese Verbindungen bilden eine sehr stabile Verbindung mit dem aktiven Zentrum der Cholinesterase. Durch die erhöhte Acetylcholinkonzentration kommt es zur fortwährenden Ausbildung von Muskelaktionspotentialen, also zu Krämpfen. Inaktivierung der Ionenkanäle führt auch hier letztendlich zur Lähmung der Muskulatur. Im Gegensatz zu Prostigmin löst sich E 605 aber nicht mehr von der Cholinesterase.

Alle diese Gifte können durch Lähmung der Atemmuskulatur tödlich wirken.

Zu 2.

Curare bindet an den Acetylcholinrezeptor, bewirkt aber keine Öffnung der Ionenkanäle, damit keine Depolarisation. Da es chemisch ganz anders aufgebaut ist als Acetylcholin, wird es von der Cholinesterase auch nicht angegriffen. Um es vom Rezeptor wieder zu verdrängen, muss man die Konzentration an Acetylcholin im synaptischen Spalt erhöhen. Dies kann man durch Injektion eines Cholinesterasehemmers erreichen. Dieser sollte natürlich reversibel wirken, also bleibt von den oben genannten Stoffen nur Prostigmin übrig.

Aufgabe 68

Nach heutigem Kenntnisstand sind die molekularen Grundlagen der Muskelkontraktion bei allen Skelettmuskeln der Wirbeltiere gleich.

1. *Fertigen Sie eine beschriftete Skizze der kleinsten funktionellen Einheit eines Skelettmuskels an!*

2. *Stellen Sie in vereinfachter Form die molekularbiologischen Grundlagen der Muskelkontraktion dar!*

Zu 1.

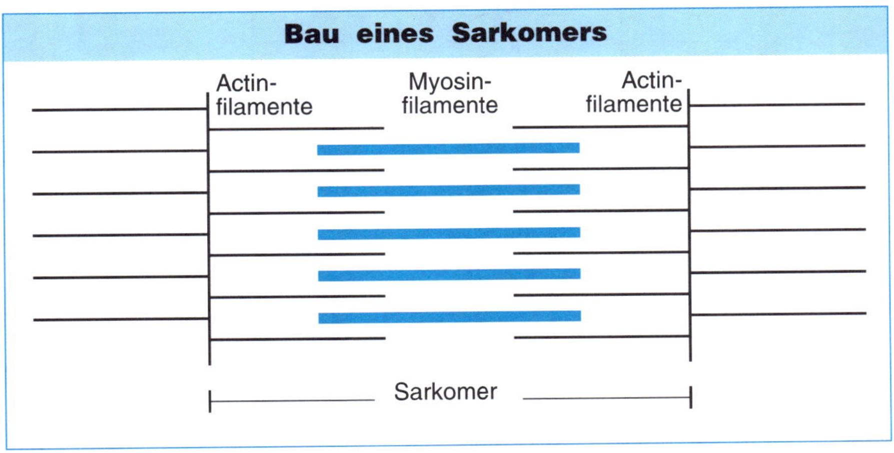

Abb. 62

Ein **quergestreifter Muskel** ist aus vielen Muskelfasern aufgebaut, die jeweils einige cm lang sind und Hunderte von Zellkernen enthalten. Inner-

halb der Muskelfasern finden sich parallel angeordnete Bündel von **Myofibrillen**, die ihrerseits wieder aus Bündeln von dicken und dünnen **Filamenten** bestehen.
Die regelmäßige Abfolge der Filamente ergibt die typische Querstreifung. Die Grundeinheit einer Myofibrille nennt man **Sarkomer**. Es enthält an beiden Enden eine große Zahl von dünnen **Aktinfilamenten**, zwischen denen die dickeren **Myosinfilamente** eingeschoben sind (s. Abb. 62, S. 119).

Zu 2.

Nach dem **Gleitfilamentmodell** schieben sich bei der Kontraktion die Myosinfilamente zwischen die Aktinfilamente. Die Länge der einzelnen Filamente bleibt unverändert. Es verkürzt sich nur die Länge jedes Sarkomers und damit die Gesamtlänge des Muskels (s. Abb. 63).

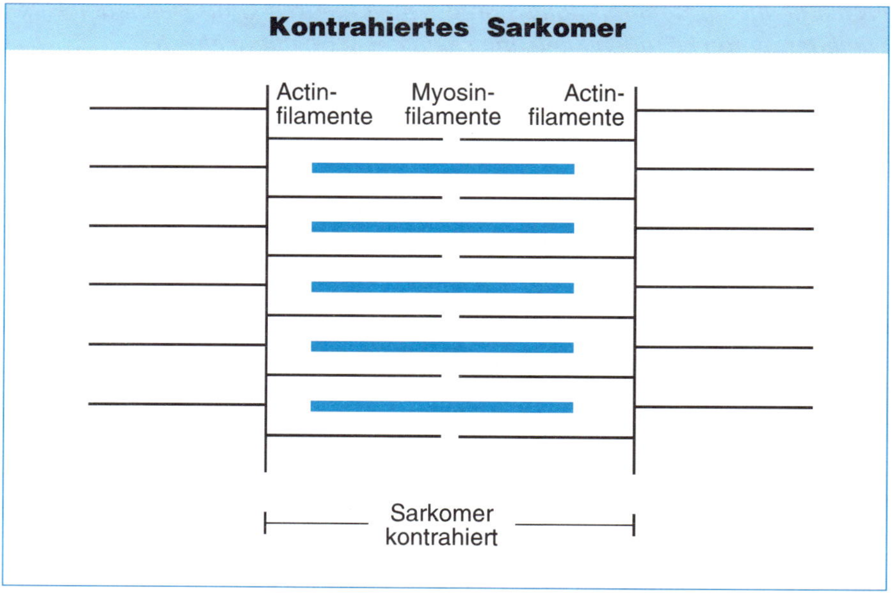

Abb. 63

Wie kommt nun dieses Ineinandergleiten zustande? Dazu muss man den molekularen Aufbau der Filamente näher betrachten. Sowohl Actin als auch Myosin sind Proteinmoleküle. Die Actinfilamente bestehen aus einer Doppelhelix von kugelförmigen Actinmolekülen, die Myosinfilamente aus einem Bündel von fadenförmigen Myosinmolekülen, deren Enden wie die Köpfe von Golfschlägern seitlich aus dem Bündel wegstehen. Bei der Kontraktion binden sich die Myosinköpfchen an die Actinketten, knicken an ihrem „Hals“ um und schieben so das Myosinbündel an den Actinketten entlang. Dieser Vorgang läuft unter **ATP-Verbrauch** ab (s. Abb. 64).

Modellvorstellung des Gleitfilament-Mechanismus

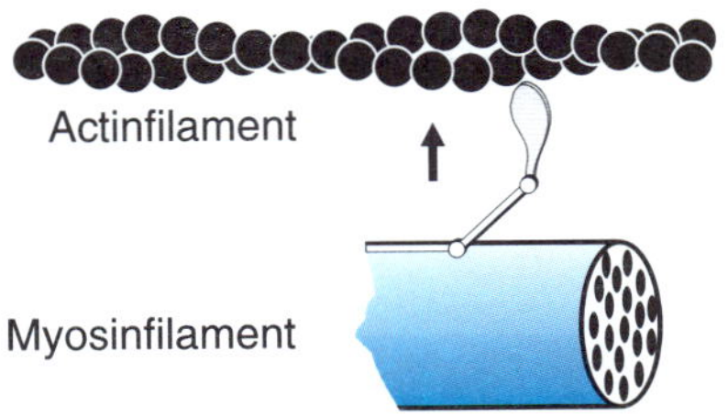

Myosin-Köpfchen bindet an Actin.

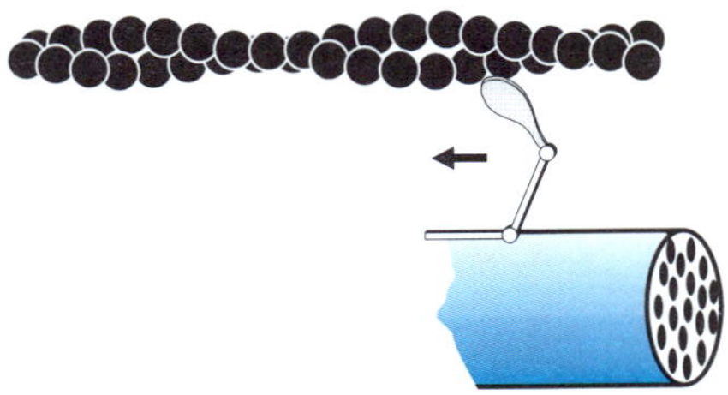

Myosin-Köpfchen knickt um. Myosinfilament wird am Actinfilament entlang geschoben.
ADP + Ⓟ wird frei.

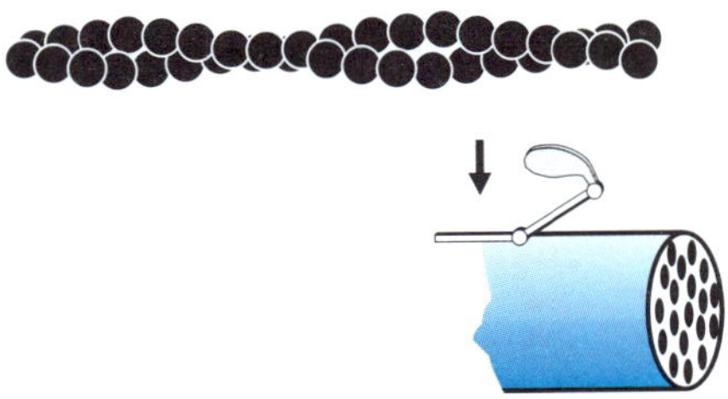

ATP bindet an Myosin. Köpfchen löst sich vom Actin.

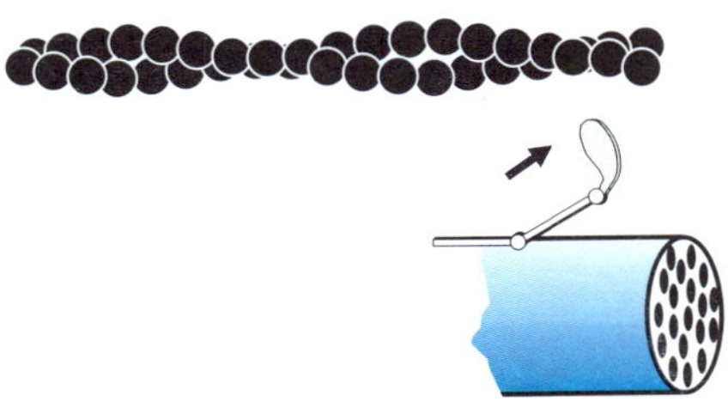

ATP-Spaltung erzeugt wieder die ursprüngliche Konformation.

Abb. 64

Die Kontraktion der Muskelfaser wird durch einen Nervenimpuls ausgelöst (vgl. Aufgabe 66). Nach der Ausschüttung von Acetylcholin und der Depolarisation der subsynaptischen Membran kommt es zur Ausbildung von Muskelaktionspotentialen, die sich über die Muskelfaser hin ausbreiten. Auf dieses Signal hin werden Calciumionen in das Zellplasma ausgeschüttet, damit beginnt die Bewegung der Myosinköpfchen.

Aufgabe 69

Die Schilddrüsenhormone sind u. a. an der Regelung des Grundumsatzes beteiligt. Der Grundumsatz ist dabei der Konzentration des im Blut enthaltenen Thyroxins proportional. Bildung und Ausschüttung des Thyroxins werden von einem Steuerhormon (Thyreotropin), das die Beta-Zellen des Hypophysenvorderlappens produzieren, angeregt. Die aktuelle Thyroxinkonzentration wird durch diese Beta-Zellen bzw. durch spezielle Rezeptoren im Hypothalamus gemessen.

1. *Stellen Sie die hormonelle Regelung des Grundumsatzes in Form eines Regelkreisschemas dar und ordnen Sie den regeltheoretischen Fachbegriffen soweit möglich die entsprechenden Textstellen zu!*

2. *Geben Sie eine Krankheit des Menschen an, bei der eine Fehlregulation des Grundumsatzes vorliegt, und nennen Sie zwei charakteristische Symptome, die das Krankheitsbild kennzeichnen!*

Unter **Grundumsatz** versteht man den Energieumsatz des Körpers in völliger Ruhe. Es ist die Energiemenge, die für die grundlegenden Körperfunktionen (Blutkreislauf, Atmung, Funktion der Zellen usw.) in jedem Fall benötigt wird.
Das jodhaltige Hormon **Thyroxin** der Schilddrüse steuert unmittelbar den Grundumsatz (s. Abb. 65).

Zu 1.

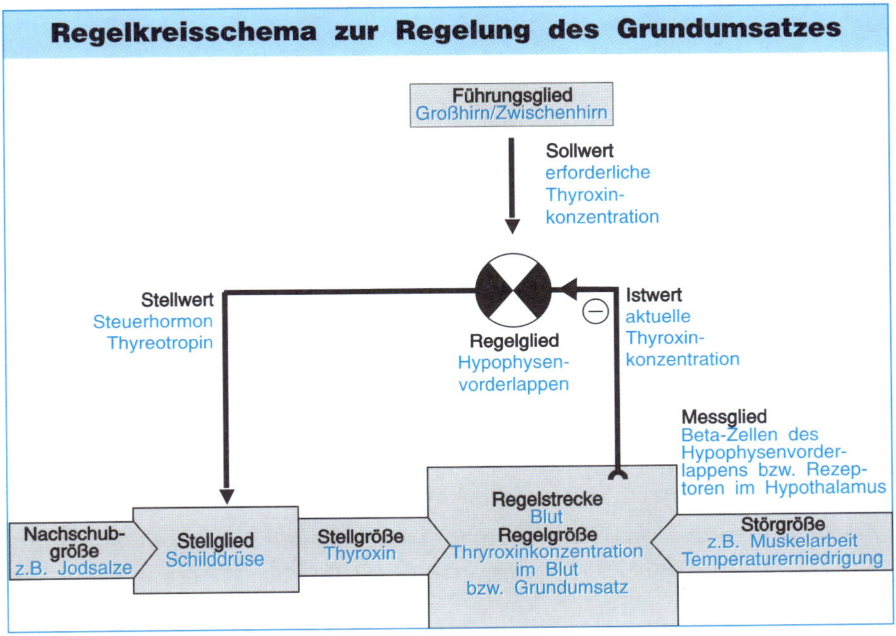

Abb. 65

Ergänzung:

Die Freisetzung von Thyreotropin oder TSH wird durch ein Freigabehormon (Releasing-Hormon) des Hypothalamus (zweites Regelglied), dem Thyreotropin-Releasing-Hormon, kurz TRH, geregelt.

Das Schilddrüsenhormon Thyroxin wirkt hemmend (im Regelkreisschema ⊖) auf die TRH-Ausschüttung des Hypothalamus und die Thyreotropin-Ausschüttung der Hypophyse.

Zu 2.

Bei vermehrter Thyroxinausschüttung (Überfunktion der Schilddrüse, erhöhter Grundumsatz) kommt es z. B. zur **Basedowschen Krankheit**. Symptome sind unter anderem Erhöhung der Körpertemperatur, der Herzschlagfrequenz, Abnahme des Gewichts, nervöse Erregbarkeit, häufig etwas hervortretende Augäpfel.

Eine verminderte Thyroxinausschüttung (Unterfunktion der Schilddrüse, erniedrigter Grundumsatz) führt zu folgenden Symptomen: Wassereinlagerung in der Haut (**Myxödem**), Übergewicht, erniedrigte Körpertemperatur, leichte Ermüdbarkeit.

Verhalten

Aufgabe 70

Bei einer Verhaltensstudie an Blutegeln wurde folgendes beobachtet:
Ein Blutegel, der ohne Nahrung längere Zeit allein in einem Aquarium gehalten worden war, begann mit wellenartigen Schlängelbewegungen umherzuschwimmen. Als ein Beobachter seine Hand in die Nähe des Blutegels brachte, schwamm dieser darauf zu. Dieselbe Verhaltensweise zeigte das Tier, als man ihm einen Glasstab hinhielt, der mit menschlichem Körperschweiß präpariert worden war. An der Hand heftete sich der Blutegel dann mit dem Mundsaugnapf fest, sägte mit seinen Kiefern drei kleine Schnitte in die Hand und begann, durch rhythmische Bewegungen des Schlundes Blut zu saugen. Nach Aufnahme von 10 bis 15 ml Blut ließ er von der Hand wieder ab.

Interpretieren Sie das oben beschriebene Verhalten aus ethologischer Sicht! Stellen Sie dabei die Bezüge zu entsprechenden Textpassagen her!

Das beschriebene Verhalten beim Nahrungserwerb des Blutegels ist ein **angeborenes Instinktverhalten** (Instinkthandlung). Ein typisches Instinktverhalten setzt sich aus folgenden Komponenten zusammen:
Handlungsbereitschaft (Motivation): Durch die Haltung über längere Zeit ohne Nahrung entsteht Hunger.
Ungerichtetes Appetenzverhalten: Der Blutegel schwimmt mit wellenartigen Schlängelbewegungen umher. Dies kann als Suchverhalten interpretiert werden, das zum Auffinden des „Gewünschten" (hier: Beute bzw. Nahrung) führen soll.
Gerichtetes Appetenzverhalten (Taxis): Der Blutegel schwimmt auf die Hand bzw. den präparierten Glasstab zu.
Reaktionsauslösender Reiz (Schlüsselreiz): Schweiß auf der Haut des Menschen bzw. am Glasstab.
Dieser Reiz hat insgesamt drei Wirkungen: Er ist richtend (für die Taxis), zusätzlich motivierend (für die Handlungsbereitschaft) und schließlich ist er reaktionsauslösend (für die Endhandlung).
Endhandlung (Instinktbewegung, Erbkoordination): Der Blutegel saugt sich an der Hand fest, sägt kleine Schnitte hinein und saugt Blut.
Durch **negative Rückkoppelung** führt das Ausüben der Endhandlung zu einem Absinken der Handlungsbereitschaft: Der Blutegel lässt nach der

Aufnahme von 10 bis 15 ml Blut von der Hand wieder ab, da sein Hunger gestillt ist.

Ergänzung:
Ein wesentliches Kennzeichen von Instinkthandlungen ist, dass ihre Auslösbarkeit sowohl von äußeren Reizen als auch von endogenen Faktoren (Handlungsbereitschaft) abhängt. Dies wird als das **Prinzip der doppelten Quantifizierung** bezeichnet.

Aufgabe 71

Schmarotzer-Raubmöwen zeigen, wenn sich ein Mensch nähert, gelegentlich intensives Badeverhalten am trockenen Boden. Entfernt sich der Beobachter etwas, hört der Vogel sofort damit auf; bei erneuter Annäherung erfolgt wieder Badeverhalten.

Interpretieren Sie dieses Verhalten mit Hilfe ethologischer Fachbegriffe!

Die Raubmöwen zeigen ein sogenanntes **Übersprungverhalten**, das besonders häufig in Konfliktsituationen beobachtet werden kann. Der Vogel möchte wegfliegen, zugleich besteht aber eine starke Tendenz, anzugreifen. Diese Angriffstendenz hemmt die aktionsspezifische Energie zum Fliehen, die Energie „springt" daher auf eine andere Bahn „über" und bewirkt Badeverhalten. Aus dieser Vorstellung erklärt sich der Name „Übersprungverhalten".
Heute erklärt man das Übersprungverhalten meist mit der **Enthemmungs-Hypothese**: Zwei Verhaltenstendenzen, hier Fliehen und Angreifen, sind miteinander so verschaltet, dass jeweils die stärkere Tendenz die schwächere hemmt. Beide wirken zugleich hemmend auf eine dritte Verhaltenstendenz, hier das Baden. Solange eine der beiden Verhaltenstendenzen stärker ist als die andere, wird der Vogel entweder fliehen oder angreifen. Bei einer bestimmten Entfernung des Feindes Mensch halten sich beide Tendenzen die Waage, sie hemmen sich gegenseitig vollständig. Damit fällt aber ihre hemmende Wirkung auf die dritte Verhaltenstendenz weg, das entsprechende Verhalten „Baden" wird ausgeführt.
Sehr häufig treten im Übersprung Bewegungen der Körperpflege auf, für die immer ein gewisser Antrieb vorhanden ist.

Aufgabe 72

Erklären Sie die nachfolgende Verhaltensweise nach ethologischen Gesichtspunkten:
Läuft ein Nashorn auf einen Gegner zu, der sich beim Näherkommen als zu gefährlich erweist, so kann es im Angriff innehalten und stehenbleiben. Oft bearbeitet es dann mit seinem Horn anstelle des Gegners einen Termitenbau oder einen Strauch.

Es handelt sich hier um eine **umorientierte Bewegung**. Das Nashorn richtet den Angriff nicht mehr auf den gefährlichen Gegner, sondern auf den harmlosen Termitenbau. Der Termitenbau ist ein Ersatzobjekt für die triebbefriedigende Endhandlung.

TIPP Man könnte bei oberflächlichem Lesen vielleicht an eine Übersprungshandlung denken: Konflikt zwischen Wut und Angst, daher „Stehenbleiben“! Bei einer Übersprungshandlung wird jedoch im Konflikt zwischen zwei Antrieben (z. B. Angriffs- und Fluchttendenz) ein dritter aktiviert und dann eine Handlung aus einem ganz anderen Verhaltensbereich ausgeführt. Im oben beschriebenen Fall gehört jedoch das „Bearbeiten“ des Termitenbaus zweifellos zum Angriffsverhalten. Nur das Objekt für die Handlung wurde ausgetauscht.

Aufgabe 73

Der Bienenwolf, eine recht selten gewordene Grabwespenart, erbeutet Honigbienen, die sowohl ihm als auch dem Weibchen als Nahrung dienen. Das Weibchen stellt auch einen Nahrungsvorrat an Bienen für die Nachkommen bereit.
Der Beutefang läuft gewöhnlich folgendermaßen ab:

a) Der jagende Bienenwolf sucht Blüten nach Bienen ab und fliegt zunächst jedes kleinere sich bewegende Objekt bis auf etwa 10 cm an. Er verharrt wie ein Hubschrauber, an einer Stelle „stehend“, im Gegenwind.
b) Strömt ihm dabei Bienenduft entgegen, stürzt er sich blitzartig auf die Biene und versetzt ihr einen lähmenden Stich.

1. Erklären Sie allgemein den Begriff Handlungskette!

2. Nennen Sie einen inneren und einen äußeren Faktor, der die Stärke der Handlungsbereitschaft für die beschriebenen Verhaltensweisen bestimmt!

Zu 1.

Eine **Handlungskette** ist eine Abfolge aufeinander bezogener Instinkthandlungen, wobei jede Endhandlung als Auslöser für die nächste Instinkthandlung wirkt.

Ergänzung:

Jede Endhandlung in dieser zwischenartlichen Handlungskette führt zur nächsten Reizsituation (Schlüsselreiz), welche dann die nächste Instinkthandlung auslöst:

Suchflüge zu Blüten	→	optischer Reiz: Bewegung, Größe
	↙	
Flug auf der Stelle im Gegenwind	→	Geruchsreiz: Bienenduft
	↙	
Sturzflug auf die Biene	→	Tastreiz: z. B. Behaarung
	↙	
lähmender Stich		

Zu 2.

Ein innerer Faktor ist z. B. der Versorgungszustand des Bienenwolfs mit Nahrung (Hunger).
Ein äußerer Faktor ist z. B. das Reizmuster der Beute.

Aufgabe 74

Die Männchen zweier Grillenarten erzeugen bei ihrer Balz unterschiedliche Folgen von Zirpgeräuschen.

1. *Schildern Sie ein Experiment, mit dem man nachweisen könnte, dass der Balzgesang beiden Arten angeboren ist!*

2. *Erläutern Sie ein spezifisches Vorgehen, mit dem man angeborenes Verhalten beim Menschen nachweisen könnte!*

Zu 1.

Zur Entscheidung der Frage, ob ein Verhalten angeboren oder erlernt ist, zieht man Tiere unter Erfahrungsentzug auf. Dazu bringt man sie gleich nach der Geburt bzw. bei den Grillen noch vor dem Schlüpfen aus dem Ei in isolierte Käfige. Dort werden ihnen alle diejenigen Reize vorenthalten, die das zu untersuchende Verhalten normalerweise auslösen. Man spricht daher meist von **spezifischem Erfahrungsentzug**.
In unserem Fall dürfen die Grillenmännchen das Zirpen von Artgenossen nicht hören. Lernen von Vorbildern ist also ausgeschlossen. Wenn sie als Erwachsene trotzdem die richtigen Balzgesänge ausführen können, wird man das Verhalten als angeboren ansehen.
Derartige Experimente nennt man **Kaspar-Hauser-Versuche**. (Sie sind benannt nach Kaspar Hauser, der im Jahr 1828 in Nürnberg auftauchte und nicht richtig gehen und sprechen konnte. Anscheinend war er 16 Jahre lang in ständigem Halbdunkel und ohne Kontakt mit der Umwelt gehalten worden. Über seine Herkunft gibt es verschiedene Legenden. 1836 fiel er einem Mordanschlag zum Opfer.)

Zu 2.

Da sich beim Menschen Kaspar-Hauser-Versuche aus verständlichen Gründen verbieten, ist man auf andere Methoden angewiesen, um angeborene Verhaltensweisen nachzuweisen. Besonders geeignet haben sich Untersuchungen an Säuglingen und Taubblinden erwiesen sowie vergleichende Beobachtungen an Menschen aus verschiedenen Kulturkreisen.
Säuglinge zeigen eine Reihe von Verhaltensweisen, z. B. das rhythmische Brustsuchen, das Lächeln und ähnliches, bei diesen ist die Annahme einer Erbkoordination wohl unbestritten.

Taub und blind geborene Kinder kann man in gewissen Bereichen als **natürliche Kaspar-Hauser** ansehen, da sie keine visuellen und akustischen Erfahrungen machen können. Ihre Mimik des Lächelns und Weinens, des Ärgerns und Schmollens sowie der Angst ist aber die gleiche wie bei anderen Kindern. Es ist also anzunehmen, dass für diese Bewegungen Erbkoordinationen vorhanden sind. Ein Lernen durch schrittweises Bestärken ist mehr als unwahrscheinlich, da auch hirngeschädigte taubblinde Kinder dieses Verhalten zeigen, obwohl sie andererseits kaum lernen können, einen Löffel zu führen.
Für die Erforschung komplizierter Verhaltensweisen ist der Vergleich von Menschen aus **verschiedenen Kulturkreisen** unumgänglich. Untersuchungen dazu wurden vor allem von Eibl-Eibesfeldt und Hans Hass durchgeführt.
Gemeinsamkeiten in Mimik und Gestik bei Menschen aus verschiedenen Kulturkreisen lassen auf eine gemeinsame Wurzel des Verhaltens schließen. Die Mimik und Gestik für Wut, Furcht, Trauer, Drohen, Beschwichtigen, Freude und Flirt sind bei allen untersuchten Völkern nahezu gleich. Diese Verhaltensweisen werden auch von Menschen anderer Kulturen verstanden; es müsste also auch das Erkennen dieser Signale angeboren sein. Wahrscheinlich gibt es hier eine Reihe von AAM (vgl. S. 131), da schon einfache schematische Skizzen einer bestimmten Mimik richtig erkannt werden.
Auch die Tatsache, dass wir Menschen auf vielerlei Schlüsselreize ansprechen, kann als Beweis für angeborenes Verhalten dienen. Es sei hier nur auf das bekannte **Kindchen-Schema** hingewiesen, das den Brutpflegetrieb aktiviert, und auf die Empfänglichkeit für sexuelle Schlüsselreize, die von der Reklameindustrie weidlich ausgenützt wird.

Aufgabe 75

Prägungsvorgänge sind für das Verhalten bestimmter Tierarten von besonderer Bedeutung.

1. *Schildern Sie kurz zwei Beispiele für Prägungsvorgänge aus verschiedenen Verhaltensbereichen!*

2. *Charakterisieren Sie das Phänomen der Prägung!*

Zu 1.

Bei der **Prägung** kann entweder ein bestimmtes Bewegungsmuster einer Instinkthandlung gelernt werden (**motorische Prägung**, z. B. auf den Artgesang bei Zebrafinken) oder es kann das Objekt für eine Instinkthandlung gelernt werden (**Objektprägung**).

Das bekannteste Beispiel für Objektprägung ist die Nachfolgereaktion bei Küken von Gänsen und Enten. Die Küken folgen nach dem Schlüpfen dem ersten bewegten Objekt, das auf ihren Stimmfühlungslaut antwortet. Normalerweise ist das die Mutter. Im Labor lassen sich die Küken aber auch auf den Menschen oder auf unbelebte Gegenstände, wie z. B. einen Fußball mit eingebautem Lautsprecher, prägen. Die **sensible Phase** für derartige Nachfolgeprägungen erreicht bei Entenküken 13 bis 18 Stunden nach dem Schlüpfen einen Höhepunkt, nach 20 Stunden ist sie fast vorbei. Die Prägung auf die natürliche Mutter scheint sehr fest zu sein, dagegen können Küken, die im Labor auf ein anderes Objekt geprägt wurden, sehr leicht wieder auf Enten umgeprägt werden.

Das Küken verfügt angeborenermaßen über die Instinkthandlung des Nachfolgens. In der sensiblen Phase muss es Einzelheiten des Objekts für diese Instinkthandlung kennen lernen, von dem es nur die vage angeborene Information „bewegt sich und gibt Laute von sich“ besitzt. Falls diese Prägung in der sensiblen Phase nicht erfolgen kann, kommt es zu Verhaltensstörungen.

Es muss betont werden, dass sich die Prägung nur auf eine bestimmte Instinkthandlung bezieht, nicht auf das ganze Tier. Man kann also nicht sagen, die Graugans ist „auf Menschen geprägt“, sondern nur „die kindliche Nachfolgereaktion der Graugans ist auf Menschen geprägt“.

Ausführlich untersucht sind auch **sexuelle Prägungen**. Immelmann ließ männliche Zebrafinken von Mövchen aufziehen. (Beide Vogelarten gehören zur Familie der Prachtfinken.) Nach drei Monaten setzte er die Zebrafinken mit Weibchen der eigenen Art zusammen, mit denen sie sich auch verpaarten. Danach ließ er die Männchen zwischen Weibchen der eigenen Art und Mövchen wählen. Die Zebrafinken wählten stets Mövchen als Partner. Selbst sechs erfolgreiche Zuchten mit artgleichen Weibchen konnten an dieser Bevorzugung nichts ändern. Die in der sensiblen Phase festgelegte Prägung auf Mövchen war irreversibel.

Gleiche Ergebnisse brachten auch die Versuche von Schulz, der Enten auf andere Entenarten prägte. Hier lässt sich vielleicht auch die Frage nach dem biologischen Sinn der Prägung beantworten. Prägbar sind nämlich bei den Enten nur die Erpel. Die Weibchen haben ein angeborenes Bild des artgleichen Männchens. Die Gefiederfarben der Erpel, vor allem die

Flügelspiegel, wirken als Auslöser für einen angeborenen auslösenden Mechanismus (AAM). Die Erpel kennen dagegen die artgleichen Weibchen nicht, sie werden auf das Weibchenbild der Nestgeschwister geprägt. Zieht man daher Erpel mit Weibchen einer anderen Art auf, so werden sie später nur Enten der geprägten Art anbalzen. Anscheinend war es in der Evolution nicht möglich, die feinen Unterschiede im Tarnkleid der Entenweibchen verschiedener Arten erblich festzuhalten. Diese Unterschiede müssen daher erst gelernt werden. Der Sinn der Prägung liegt also darin, einen erworbenen Auslösemechanismus (EAM) zum Erkennen eines auslösearmen Artgenossen zu liefern.

Zu 2.

Lorenz kennzeichnet **Prägung** durch fünf **Merkmale**:

1. Sie ist nur während einer bestimmten Altersstufe und in einem verhältnismäßig kurzen Zeitraum möglich (sensible Periode).
2. Es werden nur überindividuelle Artmerkmale geprägt.
3. Die Festlegung des Zielobjekts geschieht zu einer Zeit, in der die dazugehörige Reaktion noch nicht ausgebildet ist.
4. Die Prägung kann nicht wieder vergessen werden (Irreversibilität).
5. Geprägt wird nicht das ganze Tier schlechthin, sondern nur eine bestimmte Reaktion.

Vergleicht man nun diese Merkmale mit den beschriebenen Beispielen für Prägung, so kann man folgendes feststellen:

Merkmal 1 ist besonders typisch für die Nachfolgeprägung. Bei sexueller Prägung ist die sensible Phase nicht so scharf umgrenzt.

Merkmal 2 dagegen ist besonders typisch für die sexuelle Prägung, da hier nicht auf ein bestimmtes Individuum, z. B. das Nestgeschwister, geprägt wird, sondern allgemein auf die Art. Bei der Nachfolgeprägung wird dagegen auf das Individuum geprägt (z. B. die Mutter).

Merkmal 3 trifft auf die Nachfolgeprägung kaum zu, da Prägung und Nachfolgen praktisch zusammenfallen. Dagegen werden bei der sexuellen Prägung die Balzhandlungen erst Monate nach der Prägung ausgeführt.

Merkmal 4 ist bei der Nachfolgeprägung sinnlos, da die Nachfolgereaktion 6 bis 8 Wochen nach dem Schlüpfen erlischt. Sexuelle Prägung kann allerdings jahrelang anhalten.

Merkmal 5 trifft wieder auf beide beschriebenen Prägungen zu.

Aufgabe 76

Ein barfüßiger Badegast tritt unversehens auf eine scharfkantige Muschelschale. Sofort zieht er den Fuß ruckartig hoch.

1. *Benennen Sie die oben dargestellte Verhaltensweise und charakterisieren Sie diese durch drei Merkmale!*

2. *Fertigen Sie ein beschriftetes Schema der allgemeinen anatomischen Strukturen an, die diesem Verhalten zugrunde liegen!*

Zu 1.

Das ruckartige Hochziehen des Fußes läuft als **unbedingter Reflex** ab. Reflexe sind angeboren, jederzeit durch einen bestimmten Reiz auslösbar, stets in gleicher, starrer Weise ablaufend und Alles-oder-Nichts-Reaktionen.

Zu 2.

Reflexe erfordern im einfachsten Fall nur zwei über eine Synapse miteinander verschaltete Nervenzellen (**monosynaptischer Reflex**). Dabei wird durch einen bestimmten Reiz in einer sensiblen Nervenzelle eine Erregung ausgelöst, die über eine motorische Nervenzelle an einen Muskel weitergeleitet wird. Eine derartige Schaltung nennt man einen **Reflexbogen** (s. Abb. 66).

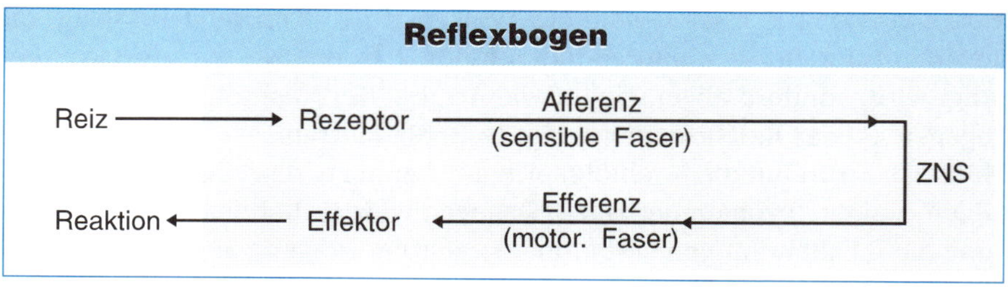

Abb. 66

Bei den meisten Reflexbögen sind jedoch zwischen sensibler Nervenzelle (**Afferenz**) und motorischer Nervenzelle (**Efferenz**) mehrere Zwischenneurone geschaltet. Man spricht dann von **polysynaptischen Reflexen**, z. B. Niesreflex, Hustenreflex, Lidschlussreflex. Reflexe wirken mit bei der Koordination der Körperstellung und der Bewegung im Raum oder schützen den Organismus vor Außeneinflüssen.

Aufgabe 77

Trifft ein Luftstoß auf das menschliche Auge, so schließen sich unmittelbar die Augenlider zum Schutz des Auges.

Beschreiben Sie einen Versuch, der, ausgehend von diesem unbedingten Reflex, zu einem bedingten Reflex führt! Stellen Sie beide Reflexarten einander vergleichend gegenüber!

Lernen eines bedingten Reflexes:
Ein **neutraler Reiz**, z. B. ein Pfiff, wird wiederholt unmittelbar vor dem **unbedingten Reiz,** einem Luftstoß, geboten. Dieser enge zeitliche (und räumliche) Zusammenhang wird als **Kontiguität** bezeichnet (optimal ist hier ein Zeitabstand von 0,5 Sekunden). Nach mehrmaligem Wiederholen erfolgt der Lidschluss auch allein auf den Pfiff hin. Der neutrale Reiz „Pfiff" ist nun zum **bedingten Reiz** geworden, der das Schließen der Augenlider als **bedingten Reflex** auslöst.
Vergleich von unbedingtem und bedingtem Reflex:
Gemeinsam ist beiden Reflexen, dass sie, wenn sie einmal durch einen Reiz ausgelöst sind, stets in der gleichen, raschen formstarren Weise als Alles-oder-nichts-Reaktionen vollständig ablaufen. Außerdem sind sie unabhängig von einer Handlungsbereitschaft (Motivation).
Ein **Unterschied** ist, dass der unbedingte Reflex eine angeborene (erbbedingte) Verhaltensweise ist, der bedingte Reflex dagegen kommt erst durch einen Lernvorgang zustande. Dabei kommt es zu einer Verknüpfung zwischen einem zunächst neutralen Reiz und einer angeborenen Verhaltensweise (Reflex). Wenn das **reaktionsauslösende Reizmuster gelernt** wird, spricht man auch von einer **reizbedingten Konditionierung**.
Während der unbedingte Reflex durch den unbedingten Reiz jederzeit auslösbar ist, lässt die Auslösbarkeit des bedingten Reflexes durch den neutralen Reiz nach („Vergessen" des gelernten Zusammenhanges), wenn nicht von Zeit zu Zeit eine „Bestätigung" durch den unbedingten Reiz erfolgt.

Aufgabe 78

Im Rahmen eines verhaltensbiologischen Experiments setzt man Tauben in einen Versuchskäfig. Ein Automat gibt regelmäßig alle 20 Sekunden einige Futterkörner in den Käfig.
Nach einiger Zeit zeigt jede Taube eine ganz bestimmte Verhaltensweise, z. B. Stehen auf einem Bein, Aufplustern, auffälliges Heben oder Senken des Kopfes.

Erläutern Sie unter Verwendung von Fachbegriffen, wie die Verhaltenslehre das Zustandekommen dieser Verhaltensweisen erklärt!

Vorbemerkung:
Unter Lernen versteht man Verhaltensänderungen, die auf Grund von Erfahrungen auftreten und verhältnismäßig beständig sind. Voraussetzung für das Lernen ist ein Speicher (das Gehirn), in dem die Gedächtnisspuren (Engramme) festgehalten werden. Nachdem bis heute kein eindeutiges stoffliches Produkt gefunden wurde, das einem Engramm entspricht, denkt man zur Zeit vor allem an Veränderungen in der Neuronenverschaltung (Ausbildung neuer Synapsen, Bevorzugung bestimmter Bahnen usw.).
Die Terminologie des Lernverhaltens ist sehr unübersichtlich.
Aus dem Bereich der Psychologie stammt der Begriff **Konditionierung**, d. h. durch Belohnung oder Bestrafung bedingte Verhaltensweisen (conditio = Bedingung). Wenn ein Tier die Bedeutung eines Reizes lernt, dann nennt man dies **klassische Konditionierung**. Wenn ein Tier ein neues Verhalten lernt, bezeichnet man dies als **instrumentelle Konditionierung**. Das Tier besitzt nun ein neues Verhaltensinstrument, mit dem es die Befriedigung seiner Bedürfnisse erreichen kann.
Man unterscheidet **vier elementare Lernprozesse:**
Bedingte Appetenz: Auf die Wahrnehmung eines Reizes folgt eine gute Erfahrung, dadurch wird das zukünftige Appetenzverhalten auf den Reiz hin ausgerichtet. Das Lernen führt zum Aufsuchen angenehm erlebter Reizsituationen.
Bedingte Aversion: Auf einen Reiz folgt eine schlechte Erfahrung, dadurch wird diese Reizsituation in Zukunft gemieden.
Bedingte Aktion: Auf ein Verhaltenselement folgt eine gute Erfahrung, der befriedigte Antrieb hat dadurch ein neues Verhaltenselement dazu gewonnen.

Bedingte Hemmung: Auf ein Verhaltenselement folgt eine schlechte Erfahrung, das Verhalten wird daher in Zukunft unterdrückt.
In den beiden ersten Fällen handelt es sich um das Lernen einer auslösenden Reizsituation, in den beiden anderen Fällen um das Lernen (Andressieren bzw. Abdressieren) einer bestimmten Verhaltensweise. Die vier Lernprozesse kann man übersichtlich folgendermaßen darstellen (s. Abb. 67):

Lernen durch Konditionierung		
Lernvorgang / Durch welche Erfahrung?	reizbedingt	verhaltensbedingt
Belohnung	**bedingte Appetenz**	**bedingte Aktion**
Bestrafung	**bedingte Aversion**	**bedingte Hemmung**
	klassische Konditionierung	instrumentelle Konditionierung

Abb. 67

Antwort:
Derartige Versuche wurden in großer Zahl von **Skinner** durchgeführt. Die Taube erfährt auf eine zufällige Handlung, die sie gerade vollzieht, eine Belohnung in Form der Futterkörner. Bei einer Wiederholung des Verhaltens wird sehr bald wieder die angenehme Erfahrung der Belohnung erfolgen, da der Automat in kurzen Zeitabständen die Körner ausgibt. Das Verhalten der Taube wird dadurch verstärkt. Die Taube hat nun ein neues Verhaltensinstrument, mit dem sie Futter erhält (**instrumentelle Konditionierung**). Da jede Taube kurz vor der Belohnung ein anderes Verhalten zeigt, entwickeln die einzelnen Tiere unterschiedliche Verhaltensmuster.
Nach Hassenstein bezeichnet man dieses Verhalten als **bedingte Aktion**. Die Tauben haben durch Belohnung eine bestimmte Handlung gelernt. Voraussetzung dafür waren die entsprechende innere Motivation (hier Hunger) und die kurze zeitliche Aufeinanderfolge von Tätigkeit und Belohnung.

Aufgabe 79

Beschreiben Sie ein Beispiel für ritualisiertes Verhalten aus dem Bereich der Fortpflanzung bei Tieren und nennen Sie drei die Ritualisierung kennzeichnende Merkmale!

Unter **Ritualisierung** versteht man die stammesgeschichtliche Umwandlung bestimmter Verhaltenselemente zu Signalen für den Artgenossen. Die ursprüngliche Funktion der Verhaltensweise geht dabei häufig verloren. So sind bei vielen Tieren Anteile des Balzverhaltens aus anderen Verhaltensweisen entstanden, wie dem Nestbauverhalten oder der Brutfürsorge.

Diamanttaubenmännchen überreichen bei der Balz einen Halm (Nestbaumaterial), Seeschwalbenmännchen umwerben ihr Weibchen, indem sie ihm einen Fisch anbieten. Meisen, Raben und andere Singvögel füttern bei der Balz ihren Partner, als ob er ein Junges wäre.

Die stammesgeschichtliche Entwicklung der Ritualisierung lässt sich sehr schön bei der **Balz der Fasanenvögel** zeigen. Der Haushahn pickt bei der Balz auf den Boden, als ob sich dort Futter befände. Dieses Futterlocken wird nun bei anderen Fasanenvögeln immer stärker ritualisiert: Der Jagdfasan stellt beim Futterlocken zusätzlich die langen Schwanzfedern steil nach oben, der Glanzfasan fächert den Schwanz und pickt auf den Boden und der Pfau schließlich spreizt den Schwanzfächer zum bekannten Rad und zeigt nur noch mit dem Schnabel zum Boden.

Bei der Entwicklung zu sozialen Signalen werden **Verhaltensweisen** in typischer Weise **verändert**:

- Es kommt zu einem **Funktionswechsel** (z. B. Futterlocken wird zu einer Balzhandlung).
- Die Verhaltensweise wird **vereinfacht**, zugleich aber oft stark übertrieben (z. B. Winken mit einer großen Schere bei Winkerkrabben; Futterpicken beim Pfau entfällt, dafür starke Übertreibung des Schwanzfächerns).
- Die Bewegung wird **rhythmisch wiederholt** (Trommeln beim Specht).
- Die Bewegung wird durch **auffällige körperliche Strukturen** unterstützt (z. B. Schmuckfedern und Augenflecken beim Pfau, vergrößerte Winkerscheren bei der Krabbe).

Neben der stammesgeschichtlichen Ritualisierung gibt es noch zwei weitere Formen, nämlich die **ontogenetische Ritualisierung** im Verlauf der

Individualentwicklung (z. B. Ausbildung von Futterbettelbewegungen bei Zootieren) und die **traditionelle Ritualisierung** über Generationen, die beim Menschen eine besonders wichtige Rolle spielt (z. B. Entwicklung von Grußgesten aus dem Helmlüften ⇒ Hutabnehmen oder Visierhochklappen ⇒ An-die-Mütze-Tippen).

Aufgabe 80

Zur Fortpflanzungszeit kann bei Meerechsen das nachfolgend beschriebene Verhalten beobachtet werden:
Die Männchen grenzen Reviere ab. Jedes nimmt einen Lavablock in Besitz, den es mit mehreren Weibchen teilt. Wenn ein Rivale in die Nähe kommt, beginnt der Revierinhaber stets mit dem gleichen Zeremoniell zu drohen. Er reißt das Maul auf, sodass das rote Innere aus dem schwarzen Gesicht leuchtet, nickt mit dem Kopf und stelzt vor dem Gegner auf und ab, ihm die Breitseite bietend. Nacken- und Rückenkamm sind dabei aufgerichtet.
Weicht der Gegner nicht aus, kommt es nach einer Weile zum Kampf, der in seiner Art unter den Echsen eine Sonderstellung einnimmt. Die Tiere beißen sich nicht, sondern stürzen mit gesenktem Kopf aufeinander zu und versuchen, Schädeldach an Schädeldach, sich vom Platz zu schieben. Dieser Kampf dauert eine Weile, bis einer in eine Spalte gedrängt oder umgeworfen wird und das Feld räumt. Der Kampf kann auch dadurch beendet werden, dass sich einer der beiden vor dem Gegner hinlegt.

1. *Interpretieren Sie das oben geschilderte Verhalten der Meerechsenmännchen aus verhaltensbiologischer Sicht! Verwenden Sie dabei die entsprechenden ethologischen Fachbegriffe!*

2. *Erläutern Sie die Bedeutung des oben geschilderten, nach festen Regeln ablaufenden Kampfverhaltens!*

3. *Wie kann bei dauernd in Gruppen lebenden Tieren, die sich individuell kennen, aggressives Verhalten eingeschränkt werden?*
   Erläutern Sie diese Möglichkeit und beschreiben Sie ein geeignetes Beispiel!

Zu 1.

Die Meerechsenmännchen verteidigen ihr Revier, sie zeigen dabei **innerartliches Aggressionsverhalten**. Eine Reihe von Mechanismen kontrolliert diese Aggression, dadurch werden die Beschädigungen in Grenzen gehalten.

Begegnen sich zwei Tiere an der Reviergrenze, so erkennen sie sich an bestimmten optischen Auslösern, z. B. dem Rückenkamm, als Männchen. Die schwächste Form des Aggressionsverhaltens stellt nun das Imponierverhalten dar: Auf- und abstelzen, also hoch aufgerichtet gehen, den Nacken- und Rückenkamm aufstellen, dem Gegner die Breitseite zuwenden. So versucht jedes Männchen, möglichst eindrucksvoll zu erscheinen.

Es schließt sich Drohverhalten an, was aus Maulaufreißen und Kopfnicken besteht. Diese Intentionsbewegungen des Kampfes werden im Laufe der Evolution zu Drohgesten ritualisiert (vgl. Aufgabe 79). Wie bei vielen ritualisierten Gesten wird das Kopfnicken rhythmisch wiederholt und durch besondere Strukturen in seiner Wirkung verstärkt (das rote Maulinnere leuchtet aus dem schwarzen Gesicht).

Der Kampf schließlich ist ein **Turnierkampf (Kommentkampf)**, der nach bestimmten Regel abläuft. Er wird z. B. durch eine Demutsgebärde wie das Niederducken des Schwächeren beendet. Verlässt der Gegner den Turnierplatz, so verschwindet der auslösende Reiz und das Aggressionsverhalten hört auf.

Zu 2.

Turnierkämpfe verhindern stärkere Beschädigungen der Gegner. Auch der Sieger läuft dadurch nicht Gefahr, von einem bereits Unterlegenen noch schwer verletzt zu werden. Daher spielen beim Turnierkampf Demutsgesten und die dadurch erzeugten Tötungshemmungen eine wichtige Rolle. Der Sieger wird in seiner Fortpflanzungsfähigkeit nicht beeinträchtigt.

Zu 3.

Bei vielen individualisierten Verbänden, z. B. bei den Wölfen, gibt es **Rangordnungen.** Voraussetzung dafür ist das persönliche Kennen der einzelnen Gruppenmitglieder. Obwohl beim Aufbau der Rangordnung häufig Kämpfe auftreten, wird dadurch auf lange Sicht das aggressive Verhalten geringer. Solange die Rangordnung feststeht, gibt es praktisch keine Auseinandersetzungen. Wenn es später zu Kämpfen kommt, dann nur zwischen Tieren von fast gleicher Rangstufe.

Die Stellung des Einzeltieres in der Hierarchie drückt sich in bestimmten Verhaltensweisen aus. So lässt sich bei Wölfen die Rangordnung durch die Art erkennen, wie der Schwanz getragen wird. Die Ranghöchsten tragen ihn hoch erhoben, die anderen lassen ihn locker hängen, nur die Rangniedersten klemmen ihn zwischen die Beine.

Aufgabe 81

Treten Artgenossen einer Tierart in irgendeiner Form miteinander in Konkurrenz oder gehen von ihnen im Zuge von Rangordnungsbeziehungen belastende Reize auf andere Artgenossen aus, so äußert sich das im Verhalten der Tiere in Aggression oder in Erscheinungen von sozialem Stress.

1. *Erläutern Sie an zwei selbstgewählten Beispielen innerartlicher Aggression, die aus zwei verschiedenen Antrieben gespeist sind, wie sich diese Verhaltensweisen für die Gesamtpopulation der jeweiligen Tierart auswirken!*

2. *Stellen Sie an einem selbstgewählten Beispiel Folgen von sozialem Stress bei Säugetieren dar und erklären Sie kurz den zugrunde liegenden Sachverhalt!*

Zu 1.

Als Beispiel könnte man die bereits in der vorhergehenden Aufgabe beschriebenen Rivalenkämpfe bei den Meerechsen und die Rangordnungskämpfe bei den Wölfen nennen.

Die **Bedeutung von innerartlicher Aggression** dürfte in einer

- **erhöhten Leistungsfähigkeit der Population** liegen, da z. B. durch Rivalen- oder Rangordnungskämpfe nur die Geeigneteren zur Fortpflanzung kommen. Weil sich so nicht alle gleichmäßig vermehren können, ergibt sich daraus eine
- **Regulation der Populationsdichte**. Die Ausdehnung der Reviere bewirkt eine
- **Ausbreitung** der Population und die
- Erschließung **neuer Lebensräume**.

Zu 2.

Am besten untersucht ist das Phänomen des **sozialen Stresses** bei den Spitzhörnchen oder Tupaias. Die Männchen sträuben die Schwanzhaare, wenn sie aggressiv erregt sind. Je enger gedrängt sie in einem Käfig leben, desto häufiger kommt es zu Auseinandersetzungen, die Schwanzhaare sind längere Zeit gesträubt. Man kann daher die Höhe des sozialen Stresses in direkte Korrelation zur Zeit, in der die Schwanzhaare gesträubt sind, bringen.

Bei längerem Stress kommt es bei den Männchen zu Wachstumsstörungen und Unfruchtbarkeit, starker Stress führt zum Tod durch Nierenversagen. Die vermehrte Ausschüttung von Adrenalin bewirkt ein abnormes Wachstum der Nebennieren und damit schwere Störungen des Hormonhaushaltes.

Bei den Weibchen kommt es zu Änderungen im Sexualverhalten, zur Rückbildung der Geschlechtsorgane und in schlimmen Fällen zum Auffressen der Jungen.

Insgesamt führt der soziale Stress zu einer Verminderung der Populationsdichte infolge Tod oder geringerer Geburtenzahl. Schließlich wird damit aber wieder der soziale Stress geringer.

(Ähnliche Versuchsergebnisse sind auch von Rattenpopulationen bekannt.)

Evolution

Aufgabe 82

1. *Nennen und erläutern Sie Kriterien, die zur Beurteilung der Homologie von Organen herangezogen werden!*

2. *Erklären Sie an je einem Beispiel die Begriffe homologe und analoge Organe!*

Zu 1.

Der **Homologiebegriff** entstammt ursprünglich dem Bereich der vergleichenden Anatomie. Man bezeichnet Organe als homolog, wenn sie sich auf die gleiche Grundform zurückführen lassen.
Zur Ermittlung von Homologien verwendet man eine Reihe von Kriterien:

- **Kriterium der Lage**
  Schon Goethe schrieb: „Das Beständigste (eines Knochens) ist der Platz." Das bedeutet, dass z.B. die Mittelhandknochen immer zwischen Handwurzel- und Fingerknochen liegen oder dass sich die Speiche immer auf der Daumenseite befindet, auch wenn die Form der Knochen jeweils sehr verschieden ist.
- **Kriterium der spezifischen Qualität**
  Isolierte Organe können miteinander homologisiert werden, wenn sie in vielen Einzelheiten übereinstimmen, z.B. Backenzähne von verschiedenen Wiederkäuern oder Reißzähne von Raubtieren. Dadurch kann ein einzelner fossiler Zahn einer bestimmten Gruppe von Säugern zugeordnet werden.
- **Kriterium der Kontinuität**
  Man bezeichnet es auch als Kriterium der Verknüpfung durch Zwischenformen. Extrem verschiedene Formen eines Organs sind homolog, wenn sie durch Zwischenformen verbunden sind. Die Zwischenformen finden sich entweder in der Stammesgeschichte (z.B. fortschreitende Rückbildung der Zehen bei den Pferden) oder bei verwandten lebenden Arten oder in der Keimesentwicklung.

Der Begriff Homologie wurde später von der Morphologie ausgehend auch auf andere Bereiche der Biologie übertragen. So spricht man heute von homologen Verhaltensweisen, homologen physiologischen Prozessen, homologen Makromolekülen usw.

Zu 2.

Die Ähnlichkeit homologer Organe ist auf ähnliche Erbinformation zurückzuführen. Da die gleiche genetische Information bei verschiedenen Tieren nur von gemeinsamen Vorfahren ererbt sein kann, ist der Nachweis einer Homologie zugleich ein Beweis für eine gemeinsame Abstammung.

Als Beispiele könnte man die homologen Vordergliedmaßen der Wirbeltiere anführen oder bei Pflanzen die Umwandlungen des Sprosses (in Zwiebeln, Wurzelstock, Sprossknollen, Sprossdornen) oder der Blätter (in Speicherblätter, Blattdornen, Blattranken, Fangblätter, Hochblätter).

Nicht jede Ähnlichkeit ist jedoch eine Homologie. Organe, die die gleiche Funktion ausüben, aber nicht homolog sind, bezeichnet man als **analog**, z. B. Vogelflügel – Insektenflügel. Während homologe Organe bei unterschiedlicher Funktion sehr unähnlich werden (Pferdebein – Fledermausflügel), entstehen unter dem Zwang der gleichen Funktion bei analogen Organen oft sehr ähnliche Formen (Grabbeine beim Maulwurf und der Maulwurfsgrille). Man bezeichnet dies als **konvergente Entwicklung.**

Ergänzung:

Konvergenz: In manchen Fällen kann durch Konvergenz sogar eine Homologie vorgetäuscht werden. So sehen sich Säugerauge und Tintenfischauge äußerst ähnlich. Die Entwicklungsgeschichte zeigt aber, dass sich bei Säugern das Auge aus einer Ausstülpung des Gehirns bildet, bei Tintenfischen aber aus einer Einstülpung der Epidermis. Die Organe sind also nur analog.

Aufgabe 83

Zur Klärung von Verwandtschaftsbeziehungen kann neben biochemischen Methoden oder anatomischen Untersuchungen auch die Embryologie wesentliche Beiträge leisten.

Zeigen Sie anhand eines selbst gewählten Beispiels die Bedeutung der vergleichenden Embryologie für die Evolutionsforschung auf!

Untersucht man Embryonen von Tieren oder Pflanzen, deren adulte Formen oft sehr verschieden sind, so stellt man überraschende Ähnlichkeiten fest. Zum Beispiel gleichen sich alle Wirbeltierembryonen in frü-

hen Entwicklungsstadien sehr stark. Sie sind ventralwärts gekrümmt, eine Chorda stützt den Rücken; es werden Kiemenspalten angelegt, die Schwanzwirbelsäule ist verlängert und ein dorsales Nervensystem wird angelegt. Die Organe entwickeln sich nach dem gleichen Schema und aus homologen Zellschichten.
Bei allen Wirbeltieren liegt das Herz ventral und geht aus dem Mesoderm hervor. Zunächst wird nur eine Vorkammer und eine Hauptkammer angelegt. Beim Fisch bleibt dieser Zustand das ganze Leben erhalten. Lurchembryonen schnüren im späteren Stadium die Vorkammer durch, sodass zwei Abteilungen entstehen. Bei Reptilien beginnt eine Unterteilung der Hauptkammer. Vögel und Säuger haben im postembryonalen Leben zwei völlig getrennte Vor- und Hauptkammern. Ihre Herzanlagen machen jedoch die gleichen Entwicklungsschritte wie die der übrigen Wirbeltiere durch. Postembryonale Schäden durch unvollständige Trennung der beiden Vorkammern oder Hauptkammern lassen sich durch die Vorgänge bei der Embryonalentwicklung leicht erklären. Gleiche Anlage und Ausbildung eines Organs weist auf Verwandtschaftsbeziehungen der Organträger hin. Die unterschiedliche Ausdifferenzierung zeigt eine Entwicklungsreihe auf (s. Lehrbücher). **Ernst Haeckel** (1834–1919) formulierte aus diesen Befunden die sog. **Biogenetische Grundregel**: Die Individualentwicklung eines Organismus (**Ontogenese**) ist eine kurze, schnelle Wiederholung seiner stammesgeschichtlichen Entwicklung (**Phylogenese**).
Heute wird diese Aussage etwas eingeschränkt, da einzelne Merkmale der stammesgeschichtlichen Vorfahren meist nur angelegt, später aber wieder rückgebildet werden.
In vielen Fällen hilft die **Embryologie**, Abstammungsfragen zu klären. Seepocken und Garnelen sind morphologisch äußerst unterschiedliche Tiere. Die ähnliche Larvenform (Nauplius) weist sie jedoch beide als Krebstiere aus. Ähnliches gilt für Entoparasiten, die infolge ihrer speziellen Lebensweise einen derartig abgewandelten Körperbau besitzen, dass ihre Einordnung sehr schwer fällt. Die Embryonal- bzw. Larvenentwicklung gibt dann häufig Aufschluss über die systematische Zugehörigkeit dieser Tiere.

Aufgabe 84

Die systematische Zoologie ordnet den Menschen den Primaten zu, zu denen z. B. auch Gorilla, Orang-Utan und Schimpanse gerechnet werden.

Erklären Sie, wie und weshalb ein serologischer Test Aufschluss über den Grad stammesgeschichtlicher Verwandtschaft zwischen Mensch und heute lebenden Menschenaffen geben kann!

Um Ähnlichkeiten von Proteinen zu untersuchen, benutzt man häufig die sogenannte **Serumreaktion (Präzipitinreaktion)**.
Injiziert man z. B. einem Kaninchen Menschenserum, so bildet es in seinem Blut **Antikörper (Präzipitine)**, die das artfremde Eiweiß ausfällen. Nach einiger Zeit entnimmt man dem Kaninchen Blut und trennt das Serum ab, das die Antikörper gegen Menschenproteine enthält. Vermischt man nun im Reagenzglas das Kaninchenserum mit Menschenserum, so flocken die Antikörper die meisten menschlichen Proteine aus. Führt man den Versuch mit Serum anderer Säugetiere durch, so ist die Ausflockung geringer. Bezeichnet man die Ausfällung beim Menschenserum mit 100 %, so erhält man mit Serum vom Schimpansen 85 %, vom Gorilla 64 % und vom Orang-Utan 42 % Ausfällung. Das bedeutet einerseits, dass im Serum der verschiedenen Primaten ähnliche Proteine enthalten sind wie im Menschenserum (85 %, 64 % usw. entsprechend dem Grad der Ausflockung). Andererseits zeigt dieser Versuch aber, dass viele Proteine im Serum der anderen Primaten doch so verschieden sind von den menschlichen, dass die spezifischen Antikörper nicht mehr damit reagieren können.
Je ähnlicher die Proteine sind, desto ähnlicher muss die zugrunde liegende genetische Information sein, desto näher verwandt sind die untersuchten Tiere. Im obigen Beispiel beweist die Serumreaktion, dass von den Menschenaffen der Schimpanse näher mit dem Menschen verwandt ist als der Gorilla oder Orang-Utan.
Bei der ungeheuren Vielzahl von theoretischen Möglichkeiten zur Aneinanderreihung von Aminosäuren zu Proteinen kann eine Übereinstimmung nicht durch Zufall entstehen. Ähnliche Aminosäuresequenzen sind nur durch gemeinsame Erbanlagen sinnvoll zu erklären, die auf gemeinsame Vorfahren zurückgehen. Insofern liefert die Serologie Beweise für die Evolution.

Ergänzung:
Neben der Serumreaktion gibt es noch andere Methoden, Proteine zu vergleichen. So kann man z. B. mit Hilfe der **Elektrophorese** die Proteine im Serum eines Tieres auftrennen. Das entstehende Proteinmuster weist bei nahe verwandten Arten sehr große Ähnlichkeit auf. Teilweise lässt man bei der Elektrophorese auch Antikörper mitreagieren (Immunelektrophorese). Die genaueste Methode wäre schließlich die **Sequenzanalyse der Aminosäuren** bei ganz bestimmten Proteinen, z. B. dem Hämoglobin oder dem Cytochrom c verschiedener Tiere (**vergleichende Molekularbiologie**).

Aufgabe 85

Aus Fundgegend, Alter und Merkmalsunterschieden der Fossilien konnte man den Stammbaum der Pferdeentwicklung nachvollziehen.

1. *Stellen Sie anhand von drei Merkmalen den Zusammenhang zwischen Lebensraum, Lebensweise und morphologischen Veränderungen in der Abwandlungsreihe der Pferde dar!*

2. *In seltenen Fällen tritt bei Pferden z. B. ein verlängertes Griffelbein mit Zehenknochen und Huf auf; normalerweise sind nur Griffelbeine ausgebildet.*

   Benennen Sie diese morphologischen Merkmale mit evolutionsbiologischen Fachbegriffen und definieren Sie diese kurz!

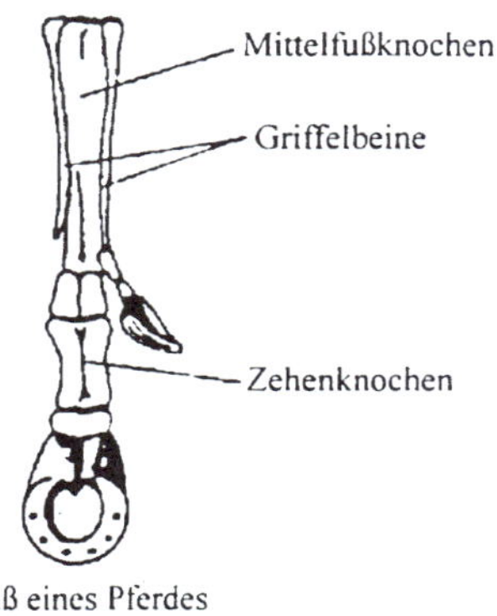

Fuß eines Pferdes

Zu 1.
Der **Stammbaum der Pferdeentwicklung** lässt sich durch Fossilmaterial bis in eine Zeit vor ca. 50 Mio. Jahren zurückverfolgen. Die einschneidendste Änderung in der **Abwandlungsreihe** wurde durch eine Klimaän-

derung (vor ca. 25 Mio. Jahren) verursacht. Das zunächst feucht-warme Klima wurde kühler und trockener. Dadurch wurde Laubwald zu Grasland und Steppe; die Pferde entwickelten sich von Wald- zu Steppentieren.

Veränderung der Zähne:

Das Urpferd (Hyracotherium oder Eohippus) besaß niedrige, vierhöckerige Backenzähne, die für das Zerquetschen der weichen Laub- und Früchtenahrung des Waldes geeignet waren. Beim Übergang zum harten Grasfutter wurden die Zahnkronen höher, die Kauflächen vergrößerten sich und die harten Schmelzfalten prägten sich immer stärker aus.

Veränderung des Fußskeletts:

Die im Wald lebenden Urpferde hatten vier bzw. drei Zehen. Die Mittelzehe entwickelte sich allmählich stärker, wobei die sich spreizenden, schon reduzierten Seitenzehen das Einsinken im weichen Waldboden verhinderten. In der sich ausbreitenden Steppe wurden die Seitenzehen noch weiter zurückgebildet, bis der Fuß nur noch eine Zehe und einen stark verlängerten Mittelfußknochen besaß. Das Pferd wurde zum einzehigen Huftier (Unpaarhufer und Zehenspitzengänger), das als schnelles Lauftier gut an die Grassteppe angepasst war.

Veränderung der Körpergröße:

Die kleinen Urpferde (Schulterhöhe ca. 30 cm) konnten sich unter dem dichten Geäst und zwischen den Bäumen rasch bewegen und verstecken. Für in der Steppe lebende Fluchttiere ist dagegen eine hohe Körpergröße (Schulterhöhe bis 190 cm) mit langgestreckten Laufbeinen vorteilhaft.

Zu 2.

Die Griffelbeine sind dem zweiten und vierten Mittelfußknochen im Grundbauplan der Wirbeltierextremitäten homolog. Für die Fortbewegung haben sie offensichtlich keine Bedeutung mehr. Derartige rückgebildete, funktionslos gewordene Organe oder Strukturen nennt man **Rudimente**.

Ein verlängertes Griffelbein mit Zehenknochen und Huf ist ein **Atavismus**. Solche urtümlichen Merkmale waren für die Vorfahren noch typisch (Hinweis auf den Grundbauplan der fünfstrahligen Wirbeltierextremität) und sind dann im Laufe der stammesgeschichtlichen Entwicklung verschwunden. Die genetische Information dafür ist offensichtlich noch vorhanden, wird aber bei rezenten Lebewesen nur in Ausnahmefällen verwirklicht.

Aufgabe 86

Das besondere Interesse der Evolutionsforscher gilt Lebewesen, die Merkmale von phylogenetisch älteren und jüngeren Gruppen aufweisen.

Nennen Sie derartige Merkmale an einem selbstgewählten Beispiel und geben Sie an, welche allgemeine Erkenntnis hieraus für die Evolutionstheorie abgeleitet werden kann!

Bei Fossilien und auch bei rezenten Lebewesen findet man einige Tiere und auch Pflanzen, die als Übergangsformen zwischen zwei oder mehreren Entwicklungsreihen anzusehen sind. Man bezeichnet sie auch als **Brückentiere** und **-pflanzen**. Die bekannteste **fossile Zwischenform** ist der **Urvogel (Archaeopteryx)**, der typische Reptilien- und Vogelmerkmale miteinander vereint. Sie können als Indizien für gemeinsame Ahnenformen herangezogen werden.

Reptilienmerkmale: einfaches Gehirn, kleines Kleinhirn, Kiefer mit Kegelzähnen, lange Schwanzwirbelsäule, Beckenknochen nicht verwachsen, drei freie Finger mit Krallen, kein Brustbein, Schien- und Wadenbein nicht verwachsen, zwei Mittelfußknochen nicht verwachsen.

Vogelmerkmale: vogelartiger Schädel, Federkleid, Vogelflügel, Becken vogelähnlich, verlängertes Schambein, vogelähnliches Beinskelett, Vogellauf.

Weitere Beispiele:

- Quastenflosser (Latimeria) als Brückentier zwischen Fischen und Amphibien,
- Welwitschia mirabilis als Brückenpflanze zwischen Nackt- und Bedecktsamern.

Aufgabe 87

In den Korallenriffen tropischer Meere lebt der Schmetterlingsfisch (Chaetodon auriga). Sein Kopf zeigt auf jeder Seite einen breiten, schwarzen Streifen, welcher das Auge tarnt („Augenbinden"). Seine Rückenflosse weist an ihrem Hinterrand einen kleinen, schwarzen Augenfleck auf. Im gleichen Lebensraum gibt es Säbelzahnschleimfische, die sich darauf spezialisiert haben, anderen Fischen Hautstücke herauszubeißen. Sie greifen dabei bevorzugt die Augenregion an.

1. *Erläutern Sie anhand der Evolutionstheorie Darwins, wie die genannten Färbungsmerkmale des Schmetterlingsfisches im Laufe der Entwicklungsgeschichte entstanden sein könnten!*

2. *Nennen Sie drei Erkenntnisse der Chromosomentheorie der Vererbung, welche die Vorstellungen Darwins hinsichtlich der Variabilität innerhalb einer Art erhärten!*

Zu 1.

Ausgehend von dem 1859 erschienenen Werk **Darwins** „On the origin of species by means of natural selection or the preservation of favored races in the struggle for life" lässt sich erklären, wie die Färbungsmerkmale des Schmetterlingsfisches entstanden sein könnten:

- Die Schmetterlingsfische weisen eine große **Variabilität** in der Körperfärbung auf. Die Individuen dieser Art unterscheiden sich in zahlreichen Merkmalen, von denen aber nur die **erblichen Variationen** entscheidend sind.
- Die Schmetterlingsfische haben eine **Überproduktion an Nachkommen**; trotzdem bleiben die Populationen im großen und ganzen konstant.
- Es muss sich also unter den Nachkommen der Schmetterlingsfische ein **struggle for life** abspielen, was man nach Heberer am besten mit „Ringen um die Existenz" übersetzen sollte. (Die Übersetzung „Kampf ums Dasein" trifft insofern nicht zu, als es sich in den meisten Fällen nicht um Kampf handelt, sondern um einen Wettbewerb um Ressourcen, um eine größere Überlebenschance, um eine höhere Fortpflanzungswahrscheinlichkeit u. ä.)
- Die Individuen mit einer „Augenbinde" bzw. mit einem ablenkenden Augenfleck haben bei Angriffen durch Säbelzahnschleimfische größere

Überlebens- und damit Fortpflanzungschancen. Es findet also eine Auslese, eine **Selektion** statt. Die Geeignetsten, die **am besten Angepassten**, haben die meisten Nachkommen (**survival of the fittest**).

- Wenn die günstigen Merkmale erblich sind (**Vererbung**), treten sie in der nächsten Generation vermehrt auf. Dadurch ergibt sich allmählich eine Verschiebung der Merkmale in Richtung der besseren Anpassung.

Zu 2.

Die Variabilität kann durch Mutation und Rekombinationsvorgänge erklärt werden. Zur Rekombination kommt es in der Reduktionsteilung der Meiose bei Oogenese und Spermatogenese, durch Crossing-over und bei der zufälligen Befruchtung zwischen den unterschiedlichen Keimzellen.

Ergänzung:

Darwin fehlten die Kenntnisse über den Mechanismus der Vererbung und über die Mutation als Grundlage der Variabilität. Erst später wurde die Mutabilität entdeckt und die Populationsgenetik weiterentwickelt. Vor allem lieferte sie die statistischen Methoden, mit denen sich die Wirkung der Selektion als wichtiger Evolutionsfaktor nachweisen ließ. Nur durch die Kenntnis der Vererbungsgesetze ist es nämlich möglich, Änderungen in der Häufigkeit eines Allels (Verschiebung der Genfrequenzen) zu berechnen und damit die Evolution zahlenmäßig zu erfassen (**synthetische Theorie der Evolution**).

Aufgabe 88

Welche Bedeutung haben Mutationen für das Evolutionsgeschehen im Tier- und Pflanzenreich?

Mutationen liefern die Grundlage für die Selektion; sie sind **willkürlich** und **ungerichtet.** Meist zeigen sie sich unauffällig, manchmal besitzen sie Vor- oder Nachteile für das Überleben des Individuums. Nur durch Mutationen können neue genetische Unterschiede geschaffen werden.
Für die Entstehung neuer Arten spielen vor allem die **Genommutationen** eine große Rolle, z. B. die Polyploidisierung bei Pflanzen, weil dadurch sofort eine genetische Isolierung gegen verwandte Arten eintritt. Die polyploide Art kann sich mit den diploiden Arten nicht mehr fruchtbar kreuzen und nimmt daher eine völlig eigenständige Entwicklung.

Schwieriger ist die Bedeutung von **Chromosomenmutationen (Translokation, Duplikation, Deletion)** einzuschätzen. Translokationen ändern häufig am Genbestand nichts; durch die Verlagerung kommen aber Gene in eine andere Nachbarschaft, dabei können Merkmalsänderungen entstehen. Duplikationen verdoppeln zunächst bestimmte Chromosomenabschnitte, deren Einzelgene in der weiteren Entwicklung unterschiedlich mutieren. Dadurch wird die Anzahl der Gene vermehrt, ein bedeutsamer Vorgang für die Höherentwicklung. Die Vermehrung der Gene zeigt sich deutlich in der größeren DNS-Menge bei höheren Organismen. So haben z. B. Lanzettfischchen nur 17 % der DNS-Menge der Säugetiere im Zellkern, Schwämme sogar nur etwa 3 %. Viele der neu entstandenen Gene bilden keine Enzyme mehr, sondern übernehmen Regulationsaufgaben. Die dritte Form der Chromosomenmutation, die Deletion schließlich, vermindert den Genbestand und schränkt damit die Lebensfähigkeit mehr oder weniger ein.
Mutationen von Einzelgenen, **Punktmutationen**, führen primär zu keiner neuen Art. Da sie aber die häufigste Art von Mutation darstellen, führen die vielen kleinen Änderungen doch zur Ausbildung neuer Rassen und im Zusammenhang mit den anderen Evolutionsfaktoren (Isolation, Gendrift) zur Bildung neuer Arten, die jedoch auch dem Selektionsdruck standhalten müssen.

Aufgabe 89

Erläutern Sie die Bedeutung der geschlechtlichen Fortpflanzung für die Evolution!

Grundlage für die Evolution sind die **Mutationen.** Da aber Mutationen zufällig erfolgen, sind sie meist auf verschiedene Individuen verteilt. Das einzelne Lebewesen enthält nur einen Bruchteil der verschiedenen Allele, die im Genpool der Population vorhanden sind. Durch die geschlechtliche Fortpflanzung werden diese Allele immer wieder neu kombiniert; dadurch erhöht sich die Wahrscheinlichkeit um ein Vielfaches, dass in einem Individuum mehrere vorteilhafte Allele zusammenkommen.
Die Neukombination ändert nichts an der Häufigkeit der Allele in einer Population, sie schafft aber neue Genotypen. Der Selektion steht dadurch eine größere Kollektion von Typen zur Verfügung als nur durch Mutation allein, die Evolution wird daher beschleunigt. Werden getrennt mutierte Allele in einem Individuum zusammengebracht, so spricht man von **Re-**

kombination. Die **geschlechtliche Vermehrung** ist die wichtigste Möglichkeit, Rekombinanten zu erzeugen. Hierbei spielt der Zufall sowohl bei der Wahl des Geschlechtspartners als auch bei der Befruchtung eine große Rolle. Für die **Neukombination der Allele** gibt es drei Möglichkeiten:

- Die homologen Chromosomen der Eltern werden bei der **Meiose** willkürlich auf die Gameten verteilt.
- Durch **Crossing-over** werden Gene einer anderen Reihe von Genen zugeordnet als bisher.
- Bei der **Befruchtung** werden die verschiedenen Allele eines Gens neu kombiniert.

Allein durch die willkürliche Verteilung der Chromosomen bei der Meiose entsteht eine Vielzahl neuer Kombinationen, so gibt es z. B. bei $2\,n = 46$ Chromosomen $2^n = 2^{23} = 8\,388\,608$ verschiedene Möglichkeiten, die homologen Chromosomen zu verteilen. Durch meist mehrfaches Crossing-over zwischen den homologen Chromosomen wird die Anzahl der Rekombinanten und damit die genetische Variabilität noch zusätzlich erhöht.

Voraussetzung dafür ist, dass die Eltern genetisch möglichst verschieden sind. Es wurde daher eine Reihe von Mechanismen entwickelt, die für einen Genaustausch zwischen verschiedenen Erblinien sorgen und die Selbstbefruchtung nach Möglichkeit verhindern; angefangen von unterschiedlichen Paarungstypen bei Gameten von Einzellern und Pilzen bis hin zur Differenzierung in Geschlechter bei höheren Organismen. Sexualität hat also ursprünglich nichts mit Vermehrung zu tun, ihr eigentlicher Sinn liegt in der Erhöhung der Rekombinantenzahl, aus der dann die Selektion die Geeignetsten auswählen kann. Die geschlechtliche Fortpflanzung ist sicher die entscheidende Ursache für die steile Evolution der höheren Tiere und Pflanzen.

Aufgabe 90

Bei der Züchtung von Fliegen erhält man außer normalflügeligen Tieren mitunter auch solche mit verkümmerten Flügeln. In der Natur dagegen treten in windreichen Gegenden solche Tiere in der Überzahl auf.

1. *Wie lässt sich dies aus der Sicht der Evolutionslehre erklären?*

2. *Auch bei uns sind viele normalflügelige Tiere bezüglich der Gene für normale bzw. verkümmerte Flügel heterozygot.*
   Legen Sie dar, welche Nachteile bzw. Vorteile eine solche Heterozygotie langfristig für den Fortbestand der Fliegen aus der Sicht der Evolutionslehre hat!

Zu 1.

In der Natur gehören neben Wind auch Trockenheit, Feuchtigkeit, Kälte, Hitze etc. zu den **abiotischen Selektionsfaktoren**. Lebewesen, die an die jeweiligen für sie wichtigen Umweltfaktoren besser angepasst sind, werden mehr Nachkommen hervorbringen als die schlechter angepassten. Fliegen, deren Flügel durch Mutationen verkümmert sind, haben in besonders windreichen Gegenden (wie z. B. Inseln im Meer) Selektionsvorteile. Die Gefahr der Verdriftung durch den Wind ist verringert, sodass diese Tiere überleben können.

Zu 2.

Werden heterozygote Fliegen gekreuzt, so spalten sich die Nachkommen im Verhältnis 1 : 2 : 1 auf. Die Fliegen mit verkümmerten Flügeln werden normalerweise aus der Population verschwinden, da sie sehr große Selektionsnachteile besitzen. Heterozygote Individuen sind phänotypisch normalflügelig und werden dadurch von der Selektion nicht betroffen. Ändern sich die Umweltbedingungen, wie z. B. die Windverhältnisse, ist ein Überleben der stummelflügeligen Fliegen möglich.

Aufgabe 91

Die Sichelzellenanämie bringt für den Betroffenen eine erheblich verschlechterte Sauerstoffversorgung der Zellen mit sich. Andererseits können sich die Erreger der Malaria in den durch die Krankheit abnormen roten Blutkörperchen schlechter vermehren als in normalen Erythrocyten.

Diskutieren Sie diesen Befund aus der Sicht der Evolution!

Vorbemerkung:

Bei der **Sichelzellenanämie** ist das normale **Hämoglobin A** (Hb A) mutiert zum Hämoglobin S (Hb S). Im Hb S ist in der β-Kette in Position 6 die Aminosäure Glutaminsäure durch Valin ersetzt. Rote Blutkörperchen mit Hb S können bei niedriger Sauerstoffkonzentration eine sichelförmige Gestalt annehmen. Bei homozygoten Trägern des Allels für Hb S treten etwa 50 % der roten Blutkörperchen im venösen Blutkreislauf in Sichelform auf, bei Heterozygoten nur etwa 1 %. Die Sichelzellen verfangen sich leicht in den Kapillaren, stören dadurch den Blutkreislauf und schädigen verschiedene Organe, vor allem die Nieren. Außerdem zerfallen diese Zellen sehr leicht, dadurch entsteht eine **Anämie** (Mangel an roten Blutkörperchen; durchschnittlich nur etwa halb so viel wie bei gesunden Personen). Früher führte eine Sichelzellenanämie meist noch vor dem 30. Lebensjahr zum Tode, inzwischen gibt es jedoch einige Behandlungsansätze.

Antwort:

Wenn eine derartige Mutation auftritt, liegt sie zunächst heterozygot vor und wird über viele Generationen heterozygot bleiben. Erst wenn der Anteil an Heterozygoten in der Population größer wird, können auch homozygote Individuen entstehen.
Ist die Mutation für den Träger bedeutungslos, so hängt es vom Zufall ab, ob sie sich in der Population stärker verbreitet oder nicht. Wirkt sie sich dagegen negativ aus, so müsste dieses Allel wieder aus der Population verschwinden. Das Sichelzellenallel ist zumindest im homozygoten Zustand für den Träger sehr nachteilig. Dennoch findet man in manchen Gebieten des tropischen Afrikas bei über 20 % der Bevölkerung dieses Allel. Da eine so hohe Rate von Neumutationen völlig ausgeschlossen ist und andererseits ein starker Selektionsdruck gegen die Homozygoten besteht, müssen die Heterozygoten einen Selektionsvorteil besitzen.
Dieser Selektionsvorteil besteht wahrscheinlich in Gebieten mit hoher Malariasterblichkeit in einer erhöhten Widerstandsfähigkeit gegen die

Malaria-Erreger. Dieses Sporentierchen gedeihen offensichtlich bei den heterozygoten Hb S/Hb A-Trägern nicht so gut wie in den Blutkörperchen von homozygot gesunden Personen mit ausschließlich Hb A. Tödlicher Verlauf der Malaria ist daher bei Heterozygoten selten. Dieser Selektionsvorteil führt zu einer Anreicherung des Sichelzellenallels in der Population.

Mit zunehmender Verbreitung des Allels treten allerdings auch Homozygote auf, die nur eine geringe Chance haben, das fortpflanzungsfähige Alter zu erreichen. Auf diese Weise wird die Zunahme des Allels in der Population gestoppt. Es stellt sich ein Gleichgewicht ein, wobei Berechnungen gezeigt haben, daß in einem Malariagebiet bis zu 30 % Heterozygote auftreten können, wenn sie eine etwa 10 % größere Überlebenswahrscheinlichkeit besitzen. Der Anteil an homozygoten Trägern der Sichelzellenanämie liegt dann bei etwa 2 %.

Entsprechend müsste das Allel wieder aus der Bevölkerung verschwinden bzw. auf die Rate der Neumutation sinken, wenn der Selektionsfaktor Malaria verschwindet. Tatsächlich ist unter Schwarzen in den USA, die aus Malariagebieten Afrikas stammen, die Allelhäufigkeit auf 25 % gesunken. Dass das Allel nicht vollständig ausgemerzt ist, liegt einerseits an der kurzen Zeitspanne (200 bis 300 Jahre), andererseits an dem geringen Selektionsnachteil, den die Heterozygoten besitzen.

Aufgabe 92

Die Hornisse und der Hornissenschwärmer, ein Schmetterling, sind einander in Gestalt, Färbung und Summtönen relativ ähnlich.

1. *Begründen Sie, weshalb mögliche Fressfeinde sowohl die Hornisse als auch den Hornissenschwärmer, der im gleichen Biotop vorkommt, meiden!*

2. *Interpretieren Sie die beschriebenen Ähnlichkeiten zwischen Hornisse und Hornissenschwärmer! Wenden Sie zur Erklärung die Aussagen der Evolutionshypothese an!*

Zu 1.

Der Hornissenschwärmer besitzt eine **Warnfärbung**, die seine Fressfeinde täuscht (**Mimikry**). Unter Mimikry versteht man die Nachahmung eines wehrhaften oder ungenießbaren Lebewesens durch ein harmloses sowie

die Nachahmung eines harmlosen Lebewesens durch z. B. einen Räuber. In diesem Falle werden vom Hornissenschwärmer Signale nachgeahmt, die den Empfänger interessieren, nämlich die Gestalt, Färbung und sogar Verhaltensweisen wie die Summtöne der wehrhaften Hornisse.
Der Fressfeind, z. B. ein Vogel, der im gleichen Biotop lebt, muss natürlich erst an Hornissen gelernt haben, wie unangenehm diese Tiere sein können, damit die Warnsignale des Schmetterlings wirksam werden.
Ebenfalls unwirksam wären die Signale des Hornissenschwärmers, wenn in seinem Lebensraum keine Hornissen vorkommen würden.

Zu 2.

In der Schmetterlingspopulation sind durch Mutation und Rekombination zufällige Gene und Genkombinationen entstanden, die im Laufe der Zeit eine Ähnlichkeit mit den Hornissen bewirkten. Dadurch ergab sich ein Selektionsvorteil für hornissenähnliche Phänotypen des Hornissenschwärmers, da die Fressfeinde getäuscht wurden und zurückschreckten. Es wäre jedoch auch möglich, dass eine Schmetterlingspopulation schon entsprechende Muster zufällig entwickelt hat, bevor Hornissen in ihrer Umgebung lebten. In dieser Zeit könnten die Signale des Hornissenschwärmers bedeutungslos oder vielleicht sogar schädlich für ihn gewesen sein. Erst die Anwesenheit von Hornissen erbrachte dann einen echten Selektionsvorteil, sodass die Angleichung beider Tierarten immer perfekter wurde.

Ergänzung:

Wird ein Hintergrund oder die Umgebung, in der das Tier lebt, nachgeahmt, spricht man von **Mimese**.
Nach **Wickler** geht es bei derartigen Erscheinungen um die Täuschung eines Signalempfängers durch einen Signalsender. Das Beutetier Schmetterling ahmt ein Signal (Blatt) nach, das einen Fressfeind, z. B. einen Vogel, nicht interessiert.
Für die Evolution der Tarntracht kann man annehmen, dass durch zufällige Mutationen bei manchen Schmetterlingen blattähnliche Flügelformen oder blattähnliche Färbungen auf der Flügelunterseite entstanden sind.

Aufgabe 93

Von einer nordamerikanischen Echsenart sind mehrere Populationen bekannt, die sich vorwiegend in der Färbung unterscheiden. Auf einigen Inseln im Golf von Kalifornien tragen die Tiere dieser Art aber nicht die übliche Tarnfarbe, sondern heben sich mit einem leuchtenden Grün deutlich vom hellen Gesteinsboden ab.

Erläutern Sie Faktoren und Vorgänge, die im Laufe der Evolution zur Ausbildung der auffallenden Grünfärbung bei dieser Echsenpopulation geführt haben könnten!

Es handelt sich hier um den Seitenflecken-Leguan, der z. B. auf der San-Pedro-Martir-Insel im Norden des Golfs in einer schiefergrauen Form vorkommt, die vollkommen dem Grau der Klippen angepasst ist. Unter dem Druck der Selektion (beutesuchende Seevögel) wurden alle nicht angepassten Formen ausgemerzt. Ebenso ist die schwarze Tarnfärbung der Leguane auf der schwarzen Vulkaninsel Tortuga zu erklären.
Die leuchtend grünen Leguane auf der Insel San Pedro Nolasco und auf Santa Catalina sind dagegen sicher nicht durch Selektion ausgelesen worden, da sie sich vom hellgrauen und weißlichen Gesteinsuntergrund sehr deutlich abheben und eigentlich eine leichte Beute für Vögel darstellen würden. Man kann diese Tatsache z. B. so erklären, dass auf diese Inseln zufällig Mutanten angetrieben wurden, die keine Schutzfärbung ausgebildet haben. Vielleicht handelte es sich um Individuen, denen die Allele für dunkle Farbstoffe völlig fehlten. Die Selektion konnte daher keine getarnten Tiere auslesen. Auf diese Weise können sich auch schlecht angepasste (nichtadaptierte) Mutationen durchsetzen. Voraussetzung sind kleine Populationen, unter Umständen eben nur die Nachkommen eines einzigen trächtigen Weibchens. Man nennt diesen Effekt **Gendrift** oder **Sewall-Wright-Effekt**. Im Gegensatz zur gerichteten Selektion ist Gendrift ein zufälliger Vorgang. Unabhängig vom Selektionsdruck können sich dabei bestimmte Mutationen durchsetzen.

Aufgabe 94

Eine von einer bestimmten Tierart dicht besiedelte, ziemlich ausgedehnte Region wird durch ein erdgeschichtliches Ereignis durch eine für die Tierart unüberwindliche Barriere geteilt.

1. *Erläutern Sie diesen Einfluss auf die möglichen Entwicklungen der Population über längere Zeiträume hinweg!*
2. *Welche Ergebnisse erwarten Sie, wenn die Schranke nach langer Zeit eine Veränderung erführe und eine Mischung der beiden oben beschriebenen Populationshälften möglich wäre?*

Zu 1.

Isolationsvorgänge sind zur Artbildung unerlässlich. Solange es zwischen genetisch verschiedenen Individuen in einer Population immer wieder zur Fortpflanzung kommt, gibt es Rekombinanten und damit keine Ausbildung neuer Arten. Erst durch eine räumliche Trennung (**geographische Isolation** oder **Separation**) können sich die Nachkommen unterschiedlich weiterentwickeln, da der Genfluss in der Gesamtpopulation unterbrochen wird. So kann sich im Laufe der Zeit ein unterschiedlicher Genpool ausbilden. Durch Mutationen und unterschiedliche Selektionseinflüsse können sich neue Arten und Rassen bilden. Dabei entstehen Mechanismen, die die einzelnen Arten voneinander isolieren können. Von den verschiedenen Möglichkeiten der Isolation seien nur einige wesentliche aufgeführt:

Ökologische Isolation: Spezialisierung auf bestimmte ökologische Nischen verhindert eine mögliche Kreuzung, z. B. unterschiedliche Lebensräume bei nah verwandten Froscharten;

Ethologische Isolation: auf Grund von neu entwickelten Verhaltensweisen kommt es zu keiner Paarung, z. B. unterschiedliche Gesänge bei verwandten Vogelarten;

Morphologische Isolation: durch Mutation sind die Begattungsorgane so verändert, dass die Übertragung der Gameten aus anatomischen Gründen nicht mehr möglich ist, z. B. bei vielen Insekten.

Alle diese Isolationsmechanismen sind bereits vor der Befruchtung wirksam (**reproduktive Isolation**). Eine Reihe von Mechanismen sorgt jedoch dafür, dass selbst nach einer Befruchtung noch eine der folgenden Isolationen wirksam wird:

Zygotische Mortalität: die Zygote stirbt in bestimmten Entwicklungsstadien ab;
Verminderte Vitalität der Bastarde: die Bastarde sterben vor der Geschlechtsreife;
Bastardsterilität: die Bastarde werden erwachsen, sind aber nicht fortpflanzungsfähig, z. B. Maulesel.

Zu 2.

Sind die Unterschiede zwischen den isolierten Populationen noch nicht sehr groß, d. h. es ist noch keine reproduktive Isolation gegeben, kann es bei der Aufhebung der Isolationsschranke zur erneuten Vermischung und Bildung eines einheitlichen Genpols kommen.
Ist bereits eine reproduktive Isolation erfolgt, ist keine genetische Mischung mehr möglich, die beiden Populationen leben dann nebeneinander als getrennte Arten im gleichen Lebensraum weiter. Es darf dabei jedoch die gegenseitige Konkurrenz nicht zu groß sein bzw. müssen noch weitere ökologische Nischen frei sein.

Aufgabe 95

In der Kreidezeit entwickelten sich aus säugerähnlichen Reptilien die Beuteltiere. Während diese auf den anderen Kontinenten von den höher entwickelten Säugetieren fast vollständig verdrängt wurden, spaltete sich die Gruppe der Beuteltiere in Australien in viele Arten auf; diese besitzen in ihrem Aussehen viele Ähnlichkeiten mit den höher entwickelten Säugetieren anderer Erdteile.

Wie sind diese Befunde zu erklären?

Vorbemerkung:

Die Beuteltiere und die „echten“ Säugetiere, also die Säugetiere, die ihre Jungen in der Gebärmutter über die Plazenta ernähren, entwickelten sich etwa gleichzeitig gegen Ende der Kreidezeit. Ihre Vorfahren waren säugerähnliche Reptilien aus dem Trias. Im nachfolgenden Jura und der Kreidezeit spielten diese jedoch gegenüber den Sauriern keine bedeutende Rolle mehr auf der Erde. Ihre große Entwicklung begann erst mit dem Aussterben der Saurier gegen Ende der Kreidezeit.
Zu dieser Zeit war der große Superkontinent, der sich im ausgehenden Erdaltertum gebildet hatte, gerade wieder auseinandergebrochen. Wäh-

rend sich die Beuteltiere auf dem Südkontinent ausbreiteten, blieben die plazentalen Säugetiere auf den Nordkontinent beschränkt. Der Südkontinent driftete in die heutigen Kontinente auseinander. Südamerika blieb dabei noch einige Zeit über Antarktika mit Australien verbunden, während Afrika schon abgetrennt war. Beuteltiere konnten sich in Südamerika und Astralien daher im Tertiär ungestört verbreiten, in Antarktika starben sie mit zunehmender Annäherung des Kontinents an den Südpol aus.

Antwort:

Sowohl in Südamerika als auch in Australien erlebten die Beuteltiere im Tertiär einen ungeheuren Aufschwung. Alle möglichen Mutationen erwiesen sich als vorteilhaft, die Evolution ging daher sehr rasch vor sich. Durch entsprechende **Spezialisierung** konnten die Beuteltiere die unterschiedlichsten **ökologischen Nischen** besetzen (**ökologische Einnischung**) bzw. Reptilien daraus verdrängen. Diesen Vorgang der raschen Aufspaltung einer Organismengruppe in verschiedene Richtungen nennt man **adaptive Radiation**, d. h. eine strahlenförmige Entwicklung neuer Arten unter Anpassung an unterschiedliche ökologische Nischen.

Im Fall der Beuteltiere ging diese adaptive Radiation weit über die Ausbildung von neuen Arten hinaus. In Australien wurden dabei ähnliche ökologische Nischen von Beuteltieren besetzt wie auf anderen Kontinenten von plazentalen Säugetieren. Das führte in einigen Fällen zu bemerkenswert ähnlichen Lösungen. So besitzt z. B. der Beutelmull genauso wie der Maulwurf ein kurzhaariges seidiges Fell, rückgebildete Augen, kräftige, zum Graben geeignete Vorderbeine und einen Stummelschwanz. Ebenso sehen manche Flugbeutler den Flughörnchen Amerikas sehr ähnlich. Die Namensgebung deutet bei vielen Beuteltieren auf die Ähnlichkeit mit echten Säugetieren hin: Beutelmarder, Beutelwolf, Beutelmaus usw. Nicht immer bedeutet jedoch die Besetzung der gleichen ökologischen Nische eine konvergente Ausbildung der Körperform; so entsprechen manche Kängurus in ihrer Lebensweise den Huftieren der Grasländer anderer Kontinente, obwohl sie eine völlig andere Gestalt besitzen.

Entscheidend für diese adaptive Radiation war das Fehlen von Konkurrenz durch die Abwesenheit der plazentalen Säuger. So konnten sich in Australien auch keine Beutelfledermäuse entwickeln, denn diese ökologische Nische wurde von echten Fledermäusen besetzt, die als flugfähige Säuger den Inselkontinent erreichten. In gleicher Weise zeigt das Schicksal der südamerikanischen Beuteltiere die Wirkung der Konkurrenz. Solange der Kontinent abgetrennt war, konnten sich ungestört alle möglichen Formen ausbilden, bis hin zu leopardenähnlichen Fleischfressern.

Als aber der Kontinent mit Nordamerika zusammentraf und über die Landbrücke von Panama echte Säugetiere nach Südamerika kamen, wurden die Beuteltiere verdrängt wie auf den anderen Kontinenten. Man nennt diesen Vorgang **ökologische Ablösung**. Nur wenige unspezialisierte Formen wie die Beutelratten konnten sich behaupten und sogar nach Nordamerika vordringen.

Aufgabe 96

Sowohl von Mitochondrien als auch von Chloroplasten nimmt man an, dass es sich aus evolutiver Sicht um Endosymbionten handelt.

Zeigen Sie zwei Merkmale auf, die diese Theorie stützen und für beide Organellen zutreffen!

Die **Endosymbiontentheorie** nimmt an, dass bestimmte Zellorganelle wie Mitochondrien und Chloroplasten ursprünglich freilebende Organismen waren. Diese wurden von anderen Zellen aufgenommen und leben seither in Symbiose in der „Wirtszelle".
Folgende Punkte sprechen z. B. für die Endosymbiontentheorie:

- Mitochondrien und Chloroplasten sind von einer Doppelmembran umgeben (die innere Membran stammt vom Prokaryonten, die äußere von der sie umgebenden Zelle);
- beide Organellen besitzen eine eigene DNS und eigene Ribosomen. Sie können daher andere Substanzen synthetisieren als die sie umgebende Zelle;
- Mitochondrien und Chloroplasten teilen sich unabhängig von der übrigen Zelle.

Aufgabe 97

Als der Lehrer John Scopes aus Dayton/Tennessee seinen Schülern die Abstammungslehre und die Herkunft des Menschen von tierischen Vorfahren nahebringen wollte, wurde er deshalb 1925 vor Gericht gestellt und verurteilt.

Erläutern Sie jeweils einen Befund aus zwei geeigneten Forschungsbereichen, der die Primatenverwandtschaft des Menschen belegt!

Der Mensch wird in der Klasse der Säugetiere zur Ordnung der Primaten (Herrentiere) gerechnet. Innerhalb der Primaten gehört er zur Überfamilie Hominoidea (Menschenartige), zu der neben einer Reihe fossiler Formen die Familie der Gibbons, der Menschenaffen (Schimpanse, Gorilla, Orang-Utan) und der Menschen zählen.
Für diese Zuordnung spricht eine Reihe von Befunden aus verschiedenen Forschungsbereichen, z. B.:
Anatomische Befunde: Der Mensch besitzt wie alle Primaten **Greifhände**, bei denen der Daumen den Fingern gegenübergestellt werden kann. Die Füße (mit einer deutlichen **Großzehe**) sind nicht wie bei den kletternden Affen zum Greifen ausgebildet. Finger- und Zehennägel sind flach, die Ohrmuscheln ähnlich wie bei den anderen Primaten.
Mit den Menschenaffen verbinden ihn die **nach vorne gerichteten Augen** sowie die gleiche **Zahnformel**. Wie beim Schimpansen werden die hinteren Backenzähne (Weisheitszähne) nicht mehr voll ausgebildet, und die Eckzähne sind relativ klein. Das Hirnvolumen ist bei allen Primaten verhältnismäßig groß.
Cytogenetische Befunde: Vergleicht man die Chromosomensätze von Menschenaffen und Menschen, so kann man weitgehende Ähnlichkeiten feststellen. Die Menschenaffen besitzen 48 Chromosomen im diploiden Satz, der Mensch 46. Bei anderen Primaten steigt die Chromosomenzahl bis auf $2n = 80$. Allerdings ist dabei die Anzahl von Chromosomen erhöht, bei denen die Spindelfaseransatzstelle (Centromer) am Chromosomenende sitzt. Da bei den Menschen und Menschenaffen die meisten Chromosomen ein mittelständisches Centromer aufweisen, nimmt man an, dass die geringere Anzahl durch Verschmelzen von jeweils 2 Chromosomen mit endständigem Centromer zu einem Chromosom mit mittelständigem Centromer entstanden ist.
Biochemische Befunde: Die Menschenaffen weisen zumindest teilweise die bekannten AB0-Blutgruppen wie der Mensch auf. Auch andere biochemische Eigenschaften der roten Blutkörperchen wie Rhesusfaktor, MN-System usw. sind ihnen gemeinsam.
Ethologische Befunde: Ähnlichkeiten im Grußverhalten (Umarmung, Händereichen, Küssen), Brutpflegeverhalten (Mund-zu-Mund-Füttern, Klammerreflex bei Säuglingen), Drohverhalten usw.
Parasitologische Befunde: Ähnliche hochspezialisierte Parasiten, z. B. Kopfläuse, Madenwürmer u. a.

Aufgabe 98

Beschreiben Sie kurz die wichtigsten anatomischen Ähnlichkeiten und Unterschiede zwischen Menschen und Menschenaffen.

Die Ähnlichkeiten wurden bereits bei Antwort 97 aufgezählt. Die Unterschiede sind in der nachfolgenden Tabelle zusammengefasst. Sie stehen meist in engem Zusammenhang mit der Entwicklung des aufrechten Ganges.

	Mensch	Menschenaffe
Wirbelsäule	doppelt S-förmig gekrümmt	bogenförmig
Becken	breite Beckenschaufeln (tragen Eingeweide)	schmal und lang
Brustkorb	breit und flach	im Querschnitt kreisförmig
Beine	länger als Arme kein Greiffuß Fußgewölbe	kürzer als Arme Greiffuß mit opponierbarer Großzehe, kein Fußgewölbe
Arme	weitgehend ähnlich den Menschenaffen	bei Schwingkletterern stark verlängert
Schädel	Hirnschädel größer als Gesichtsschädel Kinnbildung Gehirngewicht 1400 g bis über 1500 g	Gesichtsschädel größer als Hirnschädel Schnauzenbildung Gehirngewicht 400 g bis 500 g
Gebiss	parabolisch Backenzahnreihen bogenförmig kein Diastema	U-förmig Backenzahnreihen parallel Diastema (Lücke zwischen Eckzähnen und Backenzähnen)

Stichwortverzeichnis

A

B

C

N

O

P

R

S

T